蚕在吐丝的时候，

想不到吐出一条“丝绸之路”

——艾青

火花集

HUOHUAJI

王世觉　编著

黄河水利出版社
·郑州·

内容提要

本书收录了两千多条内涵丰富、富有哲理的格言警句、语丝火花，按内容分为真理篇、爱国篇、公仆篇等23个篇目。通过看来是微不足道的一件小事、一个场面，或是大自然中的一小幅景色，采取设喻引义、托物言志或直抒胸臆的手法，来形象、含蓄地表达深邃的人生哲理，揭示学海泛舟的奥秘，让人区分美丑，鉴别是非，激发人们追求真理、扬善抑恶、激流勇进的情志，给人以美的享受和深刻的思想启迪。

图书在版编目(CIP)数据

火花集/王世觉编著. —郑州：黄河水利出版社，2014.10

ISBN 978-7-5509-0956-4

Ⅰ.①火… Ⅱ.①王… Ⅲ.①格言-汇编-中国 Ⅳ.①H136.3

中国版本图书馆CIP数据核字(2014)第241895号

组稿编辑：王路平　电话：0371-66022212　E-mail：hhslwlp@126.com

出 版 社：黄河水利出版社

地址：河南省郑州市顺河路黄委会综合楼14层　邮政编码：450003

发行单位：黄河水利出版社

发行部电话：0371-66026940、66020550、66028024、66022620(传真)

E-mail：hhslcbs@126.com

承印单位：河南地质彩色印刷厂

开本：890 mm×1 240 mm　1/32

印张：10

字数：150千字　印数：1—3 000

版次：2014年10月第1版　印次：2014年10月第1次印刷

定价：20.00元

前　言

记得有人说过这样富有哲理的话——

生活，展示了一个多彩的世界；

思考，是注入心灵的阳光。

用思考去观察生活，我们的头脑会更加睿智，我们的感情会得到升华。

思想的“火花”是善于思考的作者通过形象思维和逻辑思维创作的智慧之果。

它是智慧迸射的一束束火花，生活激流溅射的闪光的浪花；

它可以是颂歌，也可以是劝谕；

它可以是经验谈，也可以是交心集。

最初，它以“小花朵”、“思想火花”、“三言两语”、“随感录”、“无花的蔷薇”、“火花集”、“点滴集”、“语丝”、“凝思集”、“凡人睿语”、“无名者格言”等新颖活泼的样式出现在不少报刊上。它一出现，立即受到读者，尤其是青年读者的喜爱。这是因为，它字数虽少

（多者上百字，少者几十字，甚至几个字），但内涵丰富、深邃，富有哲理，读了确能给人美的享受和深刻的思想启迪。它之所以能收到如此好的艺术效果，在于作者善于捕捉那些稍纵即逝的“闪光镜头”，通过看来是微不足道的一件小事、一个场面，或是大自然中的一小幅景色，采取设喻引义、托物言志或直抒胸臆的手法，来形象、含蓄地表达深邃的人生哲理，揭示学海泛舟的奥秘，让人区分美丑，鉴别是非，激发人们追求真理、扬善抑恶、激流勇进的情志。王石先生有一则采用比喻手法，以诗一般的语言抒发对人生感悟的“火花”，形象生动，启迪心智，读后令人心驰神往：“如果说人生是一首优美的乐曲，那么痛苦则是其中一个不可缺少的音符；如果说人生是一望无际的大海，那么挫折则是一个骤然翻起的浪花；如果说人生是湛蓝的天空，那么失意则是一朵飘浮的白云。”还有人评论说：“它是诗里的诗，是优美的抒情短章，它每节每拍都跳荡着时代的旋律，充溢着感人的力量，是陶冶我们心灵的艺术警句。”

英国科学家牛顿临终时说：“我不知道世人怎样看我，不过，我自己只觉得好像在海边玩耍的一个孩子，有时高兴地拾着一颗光滑美丽的贝壳，但真理大海，我还没有发现。”作为思想火花的爱好者，我从1959年上大学起，50多年来在这“火花”的大海岸边，捡到一些美丽的“珍珠”与“贝壳”，其中部分内容也是我在学习和生活中的人生体会和感悟，还有街谈巷议和旅途拾遗。现经筛选和整理成集，奉献给读者，特别是献给青少年学生，作为学习做人、训练写作的借鉴。

编选过程中，对少部分以复句或句群形式出现的长句，因其表达欠周严，或语序不妥，或标点失当，在不违背原意和蕴含义的基础上，经过修正加工，使其表意更周严，语序合乎逻辑，标点求其规范。

集子每篇内容顺序的排列，是粗线条式，但不是简单的罗列和堆砌。开篇一般是释义，以下大致按内容性质、表现、后果、方法等几个方面排列。尽管如此，集子编选的科学性、系统性、艺术性等方面仍存在一定的问题，纰漏之处在所难免。如果读者能从这本集子里“窥一斑而知全豹”，那就享有慰藉之快了。

摘选的报刊有50多种(其中含“台历”和高考命题材料)，限于篇幅，谨录以下报刊名称——

《中国青年报》《羊城晚报》《人民日报》《光明日

报》《解放日报》《解放军报》《大众日报》《南方日报》《南宁晚报》《桂林日报》《武汉晚报》《河南日报》《陕西日报》《河北日报》《新湖南报》《体育报》《文摘周报》《报刊文摘》《随笔》《中国青年》《青年科学》《科学与生活》《时代青年》《辽宁青年》《福建青年》《读者文摘》《特别关注》《意林》等。

（注:《读者文摘》后来更名为《读者》）

本稿大部分内容是从以上报刊1960年至2012年有关版面精选成集的。在本书出版之际,衷心感谢以上报刊编辑和有关作者。

最后,对龙文玉（已退休的湖南湘西自治州副州长）、袁士迎（河南大学《中学语文园地》副主编）、学生王路平、张启珍及家人的大力支持、鼓励和襄助深表诚挚的谢意!

王世觉

2014年2月于开封

目　录

真理篇

闪光的东西不一定都是金子，漂亮的词藻不一定都是真理。

——［英国］莎士比亚

最好是把真理比做燧石，它受到的敲打越厉害，发出的光辉就越灿烂。

——［德国］马克思

真理的标准只能是社会的实践。

——毛泽东

◆ 实践是最严正的母亲，真理在她伟大的母腹中诞生，又受到她无私的检验。

◆ 真理的长河，畅流着实践的汗水。

◆ 真理是智者智慧的结晶，是实践去粗取精后的升华。

◆ 事实不一定是真理，而真理必须是事实。

◆ 谬误是一个孕妇，当她掩盖不住自己羞涩的时候，真理便诞生了。

◆ 真理敢于叫自己的名字——真理；虚伪则不然，它总是想要人们把它叫做——真实。

◆ 真理面前，谬论站不住脚；阳光之下，阴影停不住身。

◆ 雾，只能暂时遮住高山；谎言，只能暂时掩盖真理。谎言像雾一样，片刻即散；真理好比高山，永远屹立。

◆ 天平，轻重的衡量器；实践，是非的试金石。

◆ 真理的苦汁比蜜糖的谎言好得多。

◆ 历史是一杯苦涩浑浊的水，真理则是沉在最底的糖。

◆ 真理是最实事求是的东西，在争论中声音最洪亮，叫嚷最凶的不一定就是真理；透露给人的信息却是：用最洪亮、最凶的喊声来掩饰心虚而已。

◆ 真正的力量在于闪电，而不在于雷声。

◆ 谎言最初也许能给你带来一点好处，但终究会给你带来祸害；真理可能暂时使你受到一点损失，但最后必然带来幸福。

◆ 逆耳的真理，胜过顺耳的谎言。

◆ 相信真理，不要相信那些宣称掌握真理的人。

◆ 真理是朴素的，只有谎言才需要伪装。

◆ 真理尽管很朴素，但它是坚实、有力、美丽的；谎言，即使很动人，但它是软弱、空洞、虚浮的。

◆ 无需为真理佩戴华贵的项链或珍珠，因为它生来就爱诚实和简朴。

◆ 不加掩饰是真理的最好装饰。

◆ 平凡的贝壳里却蕴藏着温润、闪亮的珍珠。

◆ 生活中常见的真理，往往被人忽略。

◆ 雾，能迷住人的双眼，却遮不住罗盘针所指引的方向。

◆ 山鹰的眼睛不怕迷雾，真理的光芒不怕笼罩。

◆ 制作得巧妙的假花，可能骗过蝴蝶，却骗不过蜜蜂。

◆ 雾遮住高山，想否认它的存在；群鸟却穿过雾障，歌唱着飞向山的怀抱。

◆ 乌云越浓时，也就是它要转化为雨而消失的时候，天空毕竟是属于太阳的。

◆ 风，是无所不往的，它越过高山，跨过平原，飘过海洋，直到任何偏僻的角落。

要想锁住风是不行的，即使你把门窗关严，风仍会从缝隙中透过来。

◆ 真理往往住在谬误的隔壁，而往往是通往谬误的房间里灯火通明。

◆ 真理有时会变得暗淡，但永远不会熄灭。

◆ 历史的长河没有尽头，智慧的海洋没有彼岸，真理的山脉没有顶峰。

◆ 海水的冲刷可以洗掉沙滩上的脚印，岁月的流失磨灭不了真理的光辉。

◆ 真理和玫瑰，两边都有刺。

◆ 真理和正义，是永远不熄灭的圣火。

◆ 含糊其辞，模棱两可，是最高明的诡辩。

◆ 真金不怕火炼，真理不怕诡辩。

◆ 在争辩的时候，最难驳倒的观点是沉默。

◆ 诡辩总是披着真理的外衣，混淆黑白，包藏祸心；而真理却袒露着，光明磊落，一身正义。

◆ 魔鬼也会引证《圣经》来为自己辩护。

◆ 点破真理，有时一句话就够了；而圆一个谎，有时用上一百句话也遮不住破绽。

◆ 真理像珍珠，有时埋在土里，天长日久，水落石出。

◆ 太阳的光辉不能隐藏，真理的光芒不能扑灭。

◆ 真理往往是平凡的文字表达出来的，美丽的词藻往往用于胡说八道。

◆ 使人难堪的真理，胜过使人欢悦的谎言。

◆ 有怀疑的地方才有真理，真理是怀疑的影子。

◆ 真理有时失败，但真理不怕失败。

◆ 真理必然战胜谬误，谬误若想吞噬真理，那只能成为真理的养料。

◆ 味精可以使菜肴的味道变得更鲜美，但它本身却无法成为鲜美的菜肴。

◆ 镀金的东西虽有金光灿灿的外表，但却不能改变它的本质。

◆ 哪怕是一颗小小的火星，只要点燃了真理的火炬，就是莫大的光荣。

◆ 哪怕是一颗小小的铆钉，只要嵌在真理的轨道上，就是莫大的幸福。

◆ 弓的力量体现在箭上，真理的力量体现在实践之中。

◆ 岁月的大河是严峻的，它淘尽了一切无价值的泥沙，而把真理留下。

◆ 千丈深海，万仞高山，可以使燕雀折翅，狮虎却步，但阻隔不了真理的飞翔。

◆ 不管你有多么渊博的知识，也不管你有多大的年纪，只有当你找到了真理那天，才是真正生命的开始。

◆ 咒骂真理，就像向太阳吐唾沫，只会吐到自己脸上。

◆ 没有脱离阴影的决心，永远也找不到太阳。

◆ 刺死了真理，虚伪就来贴膏药。

◆ 恶意尽管可能糟蹋真理，但无法抹杀真理。

◆ 在历史的跑道上，谬误，可能有时和真理并驱甚至领先，但最终必将是陈迹一点。

◆ 一切珍贵的东西都是闪光的，而一切闪光的东西却不一定是珍贵的。

◆ 无论制造多少喷泉，也改变不了水往低处流的本性。

◆ 浪总想吞没、动摇、扑灭灯塔，结果却是自己被击碎。

◆ 如果看到前面有阴影，别怕，那是因为背后有阳光。

◆ 镜子反映了真实，但那真实却是相反的。

◆ 肉眼看到的是什么颜色，而脑子“看到”的是为什么会有这样的颜色。

◆ 世人的眼睛虽说是一面镜子，但对同一件事物来说，每个人眼中的“像”却各有差异。

◆ 对于蚂蚁来说，一碗水，就是大海。

◆ 从一滴水可以看太阳，但并不等于知道了太阳的一切。

◆ 多转几个角度，你才能看到立方体的各面。

◆ 事物往往具有两面性。人们站的角度不同，对同一事物的看法就截然相反，“横看成岭侧成峰，远近高低各不同”说的就是这个道理。譬如——

甲看流星：在生命的最后一刻，仍发出生命的光辉。

乙看流星：偏离正确的轨道，必然坠入黑暗的深渊。

甲看铁钉：把别人的打击化作自己前进的动力。

乙看铁钉：从不主动进取，因而只能被动挨打。

◆ 绳子只拉一头，用多大的劲也不会拉直；问题只看一面，无论如何也找不到真理。

◆ 仁者见仁，智者见智。你看月亮是一则神话，我看月亮是一脸麻子。

◆ 如果两个人的意见始终一致的话，那么其中的一个是属于不必存在的人。

◆ 水满则溢，月满则亏；美到极点是丑，丑到极点则是美。

◆ 辩证法不只存在于大部头的著作中，更重要的是存在于平凡的生活中。

◆ 戴有色眼镜的人，看见的一切东西都是有色的。

◆ 不要轻易放弃自己的意见，是说当你自己还没有真正认为它是谬误的时候；不要再坚持自己的观点，是指当你自己已经知道它离开了真理的时候。

◆ 当大家都正确的时候，你被孤立了——这是你的耻辱，应当翻然悔悟；当大家都错了的时候，你被孤立了——这是你的光荣，应该坚持到底。

◆ 神们自己说不清楚的微笑，信徒们能够解释得头头是道。

◆ 信仰上帝的人都不认识上帝，认识上帝的人都不信仰上帝。

◆ 轻率地信仰某种东西，那纯粹是自我亡佚；
不成熟的思考和固执比蠢驴的信仰有价值得多；
许多人盲目地抛撒信仰，好似走马灯般换情人。

◆ 有人去问魔鬼："难道你对谁也不尊敬吗？"魔鬼回答："怎么不！我尊敬人，因为是人创造了我。"

◆ 不能把所有的过失都看作是偶然。

◆ 偏见是一种由心疾造成的“眼疾”。

◆ 虽然在墨镜镜片的过滤下，强烈的阳光变得柔和了，然而它却因此失去了锋芒，让世界也丧失了原色。

◆ 愚昧的人虽然不属坏人，但有时比坏人起的作用还坏。

◆ 所有快乐中最伟大的快乐存在于真理的沉思之中。

◆ 真理是不可战胜的，尽管有时它会被抹杀、被扭曲、被攻击。

爱国篇

爱国主义就是千百年来巩固起来的对自己的祖国的一种最深厚的感情。

——［苏联］列宁

我愿用我全部的生命，从事研究科学，来贡献给生育我栽培我的祖国和人民。

——［苏联］巴甫洛夫

爱国是文明人的首要美德。

——［法国］拿破仑

◆“祖宗疆土，当以死守，不可以尺寸给人”，这是祖宗留给后辈的话。捍卫祖国领土不受侵犯，是后辈子孙义不容辞的责任。

◆ 祖国是金铸的摇篮，一寸山河一寸金，寸金难买爱国心。

◆ 祖国的形象不是温室的花朵，而是风霜雨雪中的一座庄严的雕像。

◆ 鸟儿不会忘记自己的窝，人不会忘记自己的祖国。

◆ 一个人永远不会忘记最初哺育自己的那块土地。

◆ 狗不嫌家贫，儿不嫌娘丑；即使自己的祖国贫穷，也不嫌弃。

◆ 母亲再穷，儿子也不会离开她再找一个。

◆ 爱祖国胜过爱生命的人，纵然死去也还有生命。

◆ 即使祖国一贫如洗，也胜过异国黄金遍地。

◆ 云在寂寞的天空中漂泊无依，雨是她思乡的泪滴。

◆ 生活在祖国里的人民是自豪的，漂泊在外的游子是痛苦的。

◆ 天鹅留恋湖水，人民热爱祖国。

◆ 百灵鸟在笼子里想的是花园，漂泊者走到哪里都想念祖国。

◆ 路边的花草是孤独的，而生长在花园里的花草是温馨美丽的。

◆ 天空的美丽是太阳、月亮和星星，群山的美丽是碧草、野果和森林，祖国的美丽是热爱她的人民和孕育万物的领土。

◆ 向日葵，细嫩时自负清高，腰身挺得笔直；成熟了，却含情脉脉，低头思念着养育自己的土地。

◆ 家乡的水是仙水，家乡的土是金子。

◆ 亲不亲，故乡人；美不美，家乡水。

◆ 最崇高的爱情是爱祖国。

◆ 我们的生活不能没有阳光，我们的思想理念不能没有祖国。

◆ 我爱伟大的祖国，让我的生命为你燃烧。

◆ 海水再深也是可以测量的，而人民对祖国的爱所产生的力量是世界上任何一个科学家无法测量的。

◆ 忘记祖国的人好比离开森林的鸟；没有国，哪里有家?

◆ 所有痛苦中，亡国之苦最痛苦。

◆ 祖国尊严对她的民族来说比生命更重要。

◆ 倘若家乡是片荒地，你要把它变成美丽的花园。

◆ 贤者悲其身死，而忧其国之衰。

◆ 我渴望有一天，成功在面前；当祖国需要我时，我定拿出最闪光的奉献。

◆ 虚荣的人，只注视自己的名字；有识之士，注视着祖国的事业。

◆ 剜心也不变，砍首也不寒；只愿锦绣山河，还我锦绣面。

◆ 献身祖国的人誉满天下，叛离祖国的人世人咒骂。

◆ 汉奸，投靠侵略者，出卖国家民族利益的败类，是耻辱和丑恶的代名词。用“落个不耻于人类的狗屎堆”形容其下场，恰如其分。

◆ 自由不是被给予的，是捍卫祖国尊严赢来的。

◆ 一个缺乏捍卫真理之勇气的民族，不能真正捍卫她自己。

◆ 给予普通民众尊严的国度，才是获得真正敬意与尊重的国度。

◆ 古今圣贤有关爱国的诗文，或抒发爱国忧民的悲悯之情，或抒写对祖国的一腔赤胆忠心，或抒发敢为民族牺牲的豪情壮志……其情其志凝聚成优秀的爱国主义传统，一代传一代，绵延千年万年而不绝。敬录几则以铭记之：

文天祥：人生自古谁无死，留取丹心照汗青。

顾炎武：天下兴亡，匹夫有责。

林则徐：苟利国家生死以，岂因祸福避趋之。

秋　瑾：金瓯已缺总须补，为国牺牲敢惜身？

陈　辉：英雄非无泪，不洒敌人前。男儿七尺躯，愿为祖国捐。

毛泽东：我们中华民族有同自己的敌人血战到底的气概，有在自力更生的基础上光复旧物的决心，有自立于世界民族之林的能力。

周恩来：面壁十年图破壁，难酬蹈海亦英雄。

朱　德：锦绣河山收拾好，万民尽作主人翁。

◆ 梦是美好的：太阳总在有梦的地方升起，月亮也总在有梦的地方皎洁。最美的梦，是中华民族伟大复兴的梦。

◆ 人民英雄纪念碑——一根特别的温度计，能测出每一个中国人血的冷热。

公仆篇

共产党员无论何时何地，都不应将个人利益放在第一位，而应以个人利益服从于民族的和人民群众的利益。因此，自私自利，消极怠工，贪污腐化，风头主义等等，是最可鄙的；而大公无私，积极努力，克己奉公，埋头苦干的精神，才是可尊敬的。

——毛泽东

大多数腐败分子是从不注意小节逐步走到腐化堕落境地的。在推杯换盏中放松了警惕，在小恩小惠面前丢掉了原则，在轻歌曼舞中丧失了人格，这样的例子并不鲜见。

——习近平

行大道，民为本，利天下。

——李克强

◆ 公仆，《现代汉语词典》注释“为公众服务的人”，现在称“公务员”，如果把关系搞颠倒了，便成了让公众为你服务的官老爷。

◆ 清廉一生平安，实干造福百姓。

◆ 空谈误国，实干兴邦；落后就要挨打，发展才能富强。

◆ 和人民在一起的人，是不可战胜的。

◆ 镜子说：“谁把我踩在脚下，他在我心里的形象必然是倒的。”——人民是不是一面镜子？

◆ 做人要像人，当官不像官。

◆ 老百姓希望的好官：居庙堂之高，处江湖之远，皆忧其民者。

◆ 为官一任，造福一方；一身正气，两袖清风。为民办实事，心里始终装着老百姓，百姓永远敬仰他，永远铭记他。

◆ 有位名人撰写对联赞颂宋朝包拯：

照耀千秋，念当年铁面冰心建谠❶言，不希后福；

闻风百世，至今日妇人孺子颂清官，只有先生。

---

❶ 谠(dǎng)：正直的(话)。

◆ 想着自己的人，被尘土埋没；想着百姓的人，威名远扬。

◆ 会找你麻烦的人，就是眼中有你的人。

◆ 吃亏是一种美德，是一种境界，是一种风格；只有甘愿吃亏的干部，才能体现强大的人格魅力。

◆ 百姓日子好比一个温度计，它能准确地测量出政府对民生的关切程度；百姓的日子好似一面镜子，它能生动地映照民众在政府心中的地位。老百姓过什么日子，政府就是一个什么形象；老百姓的日子过的越舒坦、越富足，政府的形象就越高。

◆ 制度好，坏人难以任意横行；制度不好，难以使人充分做好事，甚至走向反面。

◆ 当官，不是看你坐在什么位置上，关键是你为民有个什么目标，如何为民谋福利。

◆ 春风正，风筝才飞得稳；党风正，事业才兴旺。

◆ 你的思想境界有多高，那么，你的发展空间才有多大。

◆ 权威是你把权给别人的时候，你才能有真正的权力；你懂得倾听、懂得尊重、敢于承担责任的时候，别人才会听你的，你才会有权威。

◆ 最伟大的统帅具备以下三点：先锋的骁勇、军师的智谋、慈母的爱心。

◆ 治人之道固然重要，然而为人之道才是根本。

◆ 宁愿做错也不能错过的态度，不叫珍惜，叫贪婪。

◆ 对个体生命的尊严和屈辱如果麻木不仁，最终虚化的是平等意识，是公平正义；如果我们每个人都活得有尊严，“公仆”就名正言顺，国家一定很体面。

◆ 人情好坏是社会美丑的晴雨表，社会美丑又是人情好坏的反哺器。一个风气恶劣的社会必然没有人情味，一个充满温情的社会必然是一个和谐的社会。

◆ 由人刮起的风，其破坏力要比自然界的风大得多。

◆ 不受制约的权力，一旦掌握在心术不正的人手里，就会变为专制，变成打击报复的武器和以权谋私的保护伞。

◆ 提出“把权力关进监督的笼子里”，甚妙！——这样就限制了权力的滥用和施用范围，得人心，顺民意。

◆ 在你有权力有名望的时候，卑鄙的小人是不敢抬起卑鄙的眼睛正视你一眼的；然而，当你一落千丈的时候，表现最毒辣的往往就是他们。

◆ 马贪图被拍的惬意，哪能不受人驱使？

◆ 乘上谁的马车，就得唱谁的调。

◆ 风筝既然是凭借风的力量飘上高空的，它的命运就只能由风来摆布。

◆ 当别人抬轿子、吹喇叭抬你吹你的时候，要想着那猛地一松手。

◆ 大大小小的喇叭为你一起吹响，可当心呀，说不定是为你送葬进行预演呢！

◆ 对上级吹喇叭的人，对下级往往是吹胡子瞪眼。

◆ 有些专权的人总是在吹鼓手的喇叭声中走向坟墓。

◆ 下级反感的坏上司：习惯性地把下级当作马桶，精华全部独吞，再将糟粕倒给别人。

◆ 许多天空是被手遮住的，许多人是被豆腐渣工程砸死的，许多钱是由权变的，许多官是由钱买的，许多良心是有标价的，许多真相是虚构的——这种人是会坐监牢的。

◆ 不怕群众不满意，就怕领导不注意。——制造虚假政绩，实质就是瞎折腾，坑害老百姓。

◆ 塑造美誉度应从点滴做起，老百姓是唯一的评判师。

◆ 发展是硬道理，但是如果以损害老百姓利益和破坏生态环境而捞取“政绩”的硬发展，就是没道理。

◆ 洪水越来自高处，危害就越大。

◆ 一个功利主义盛行的社会，自私和怨恨会充斥社会的每一个毛孔，人们很难找到心灵和精神的满足。

◆ 让文化成为一个监狱，与把文化变成一场娱乐至死的舞台，均可以使文化精神枯萎。

◆ 在官场文化中，由于要以不犯错误为最高要求，那种生动的个性化的语言风格，就无从获得立足的空间。

◆ 当一个文明丢失了属于自己的思维参照物，它的自我意识就像破囊的水，一泄而尽。

◆ 讲真话不易，让人相信真话也不易，让那些听惯了甚至听顺了假话的人相信真话尤其不易。

◆ 喜鹊和乌鸦显然都不适于作信使，因为前者只报喜而后者总报忧。

◆ 有人想打扮历史，就弄一些脂粉往大人物的脸上涂啊涂啊，结果把大人物涂成了大花脸。

◆ 空话、套话、大话，属语言“贫血”，是思维迟钝、智商平庸和形式主义作怪的症状。

◆ 说空话习惯了，会觉得空话不空；说套话习惯了，会觉得套话不俗；说大话习惯了，会觉得大话不是吹牛；说假话习惯了，会觉得假话不假。

◆ 空话，如同人的阑尾，不但没有丝毫作用，有时还坏得要命。

◆ 讲官话，俗称就是讲废话，是空耗听者宝贵时间的。

◆ 压制不同声音的蠢人从来未将世界变成哑巴，倒是让自己变成了聋子。

◆“原则上”，就意味着原则的缺失，给“例外”“特殊”留有暗箱操作的空间。

◆ 如果一个领导人被崇拜者围得水泄不通，他就丧失了眺望远方的能力。

◆ 当你红得让人流口水，关于你的口水就会多起来。——有时候让人“垂涎欲滴”并非好事。

◆ 掌声只是一种回声；如果你总听见它，说明你的声音传得还不够远。

◆ 回声没有创造什么，却因为擅长模仿而深得主人的喜爱。——有时主人宁可喜欢应声筒也不接受不同意见。

◆ 让人说话天塌不下来，否则，“防民之口，甚于防川”。

◆ 以常人人性对待他人，这个社会反而正常；要求别人都做圣人，这个社会就老出小人。

◆ 当领导，最基本的原则是：当你自己也不是很有信心时，一定要把信心灌输给别人。

◆ 领导力在顺境的时候，每个人都能表现出来，只有在逆境的时候，才能看出你的领导力。

◆ 真正成功的领导从来不去琢磨有关“权术”“算计”这方面的书，刘备的哭、曹操的诈、刘邦的赖等是天性使然，是学不来的。

◆ 簸箕对历史老人谈它多年的工作经验：受得住能上能下的考验的，是实的、好的种子；只能上不能下、随风起舞、爱出风头的轻浮秕子，必将落个被淘汰的下场。

◆ 能随风飞到天上去的，一定没有什么分量。

◆ 气球做梦也想高升，因为它肚里一无所有。

◆ 向上坡攀登值得赞许，但要默记下来的路。

◆ 费尽心机爬上台的人，最明白蹬开梯子的重要性。

◆ 有些人就像爬滑梯，费劲爬上去了，绝不是有所作为，所以，很快就滑下来了。

◆ 提起火车头，人们总是赞语不绝地称赞它：跑得快，拉得多。但是，火车头的威力只有在轨道上才能发挥出来；一旦越轨，非但寸步难行，还要“粉身碎骨”哩。

一个人的才能本来有限，即便天才高超，也要依靠人民群众；只有把自己的天才和群众的力量结合起来，才能创造奇迹。否则，将一事无成。

◆ 一句土耳其谚语说得妙：“人有两只耳朵，一张嘴，应该听两次，才说一次。”它不光说明不调查研究，就不要乱发言，并且说明人只有广听博闻，才能说得对；要知道得多，说得少，不要知道得少说得多，夸夸其谈。

◆ 个别反映一般，一滴水可以反映太阳的光辉。

化验一滴水，可知一条河的水质；解剖一只麻雀，便知道所有麻雀的生理构造。多做些化验一滴水的工作，对领导者来说是十分有益的。

◆ 不愿看的人，比瞎子还瞎；不愿听的人，比聋子还聋。

◆ 牢骚不总是正确的，而认真对待牢骚，却是正确的。

◆ 群众是力量的源泉，是知识的宝库，而深入细致的思想工作，则是一把开启人们智慧和力量的金钥匙。思想工作做得愈细致深入，开启出来的思想财富就愈多，激发出来的工作干劲也愈大。

◆ 鼓要敲到点上，箫要吹到眼儿上，思想工作要做到心坎儿上。

◆ 生活经验告诉我们，采取折中办法，反而把事情搞糟。

◆ 热脑袋和冷心肠解决不了任何问题。

◆ 正确结论来自多元声音，而不是权威的选择。

◆ 不要忽视小小螺丝钉，否则，会造成祸害。——细节决定成败。

◆ 政从正来，智从知来，财从才来，位从为来。——来源决定成败。

◆ 人才是跳出来的，而不是挑出来的。——在职场上应创造自己的不可取代性。

◆ 如果你唯一的工具是一把锤子，往往会把一切问题都看成钉子。

◆ 真正的职场高手，给人的第一印象绝不是“谁的人”，而是“踏实肯干”。

◆ 鸡当法官时，蟑螂永远得不到公平。

◆ 不要把两匹千里马拴在一个槽上吃草，让其暗战致命。

◆ 坐在汽车里往后探望，总感觉在前进的自行车似乎在爬行；而骑在自行车上又觉得路上的行人总是慢吞吞的。

离开条件去衡量人总是要出错的，而且往往会把自己封为自大的夜郎。

◆ 一个人可以同时负责几件事，但是一件事只能由一个人负责。多人负责一件事，要么造成权力斗争，要么导致推诿扯皮。——在汉字里，一个中心是“忠”，两个中心是“患”。

◆ 能用人者为能人，能用能人者为高人。

◆ 老是指责下属无能，并不表明上级高明。

◆ 当权者运筹帷幄时胆小一点，并想及所有不良后果；但在必须行动的时候，便要大胆敢为。

◆ 干劲和方法，有如汽车的动力部分和操纵部分。操纵再好，没有动力，汽车不能前进；动力再大，操纵错了，车子也会跌下悬崖。

◆ 我们无法命令风改变方向，但我们可以调整帆。

◆ 灯不拨不亮，是指有油的灯而言；没有油的灯，再拨也不亮。话不说不明，是指调查研究后说的话；没有调查研究，话再说也不明。

◆ 一把钝刀，刀形虽存，却是废物，既不能切肉，也不能砍柴，其作用不如一枚小针，一针见血。

◆ 简单的工作做到极致，就是绝招。

◆ 骏马奔驰，四条腿有前有后；如果四条腿同时起跑，那么，即使不摔倒，也慢许多倍。做工作，也要有轻重缓急。如果眉毛胡子一把抓，即使费劲不少，也要事与愿违，事倍功半。

◆ 物必先腐，而后虫生。腐败问题是执政党的致命伤。

◆ 一旦利益的诱惑侵蚀了共产党员干部的理想信念，一旦膨胀的私欲污染了清正廉明的政治本色，一旦特权思想、特权意识、特权行为损坏了社会公平，民怨载道，社会动荡，政权垮台绝非危言耸听。

◆ 贪官，良心泯灭的蛀虫。

◆ 据查，落马贪官几乎都包情人、养小蜜，这是不是规律？殊不知，他们挥霍的是公款、老百姓的血汗钱！人们推断：加大反腐力度，来真枪实弹，让大大小小的贪官落网，该吐的吐出来，该倒的倒出来，看能为国家造多少艘航空母舰！能为老百姓造多少福！

◆ 老百姓戏骂贪官：台上讲话像个人，台下做事像龟孙。

◆ 某县第一把手认为：中国官场频繁的宴席上，喝的不仅仅是酒，而是权力和地位。

◆ 容忍一张“平静的赌桌”（无人监督的官员赌博），无疑是容忍了官员违法的特权，容忍了公权腐败的温床。

◆ 钱和权，可以摧毁心底好多美好的东西，而且追求的越多，摧毁的就会越多。

◆ 贪官有四怕：一怕丢官，二怕情人翻脸，三怕检察院，四怕暴露住址。

◆ 贪官纳贿的丑恶心态：本官不贪财，是你送进宅，收受实无奈，欢迎你再来。

◆ 这样的公仆：

总对别人讲正气，自己偷着养小蜜；
总对别人讲清廉，自己大把在搂钱；
总对别人讲形象，自己早已没人样；
总对别人讲拒贿，自己早就犯了罪。

◆ 小鸡孵到日子，必定拱破蛋壳；贪官横行一时，终久归于毁灭。

◆ 收受贿赂者，腰包装得满满的，越鼓越大，像癌细胞正在扩散。

◆ 一个贪官进去了，一帮朋友傻眼了，不是为他，而是为自己。

◆ 社会是一个完整的链条，每个人都没有权利从自己这里锈蚀烂掉。

◆ 如果任由腐败所导致的非理性的政府行为继续蔓延，那么腐败就将摧毁人类的一项最基本的需求——希望。

◆ 有人说中国人仇富，可是史蒂夫·乔布斯的死却引起数以亿计的中国人悼念，这说明中国人仇的不是富，依靠个人才华和创新创造的财富一样会受到中国人民的尊重和敬仰，中国人民仇的是依靠权势、垄断、腐败、欺骗、贪赃、压榨所获得的财富。

◆ 湖水大动荡的话，峭壁会倒塌；群众大动荡的话，再大的人物也会垮台。

◆ 水可载舟，亦可覆舟。

◆ 人最糊涂的时候：春风得意时，来钱容易时，得权专横时，迷恋情爱时，想占便宜时，老年痴呆时；

人最清醒的时候：天灾降临后，东窗事发后，大祸临头后，重病缠身后，遭遇重挫后，退休闲暇后。

◆ 19 世纪德国著名历史学家维特克应马克思的女儿劳拉·燕妮的请求，用四句谚语概括古今历史：

1. 当上帝要某人某年灭亡的时候，往往先令其有炙人的权势；

2. 时间是筛子，最终会淘去一切历史的陈渣；

3. 蜜蜂盗花，结果会使花更繁盛；

4. 暗透了，便可望得见星光。

谄谀篇

你要我去讨好人、巴结人吗？这是我最讨厌的人类的缺陷。无论在私生活里，或是在社会生活里，我决不会干奴颜婢膝、造谣诬蔑、谄媚逢迎的勾当，我不愿意为那些蠢人把自己的见解藏在密密实实、莫名其妙的哲学形式下面。

——［德国］马克思

关于阿谀拍马的卑鄙和恶劣，不知告诫过我们多少遍了；然而总是没有用处：拍马屁的人总会在我们心里找到空子。

——［俄国］克雷洛夫

谄媚是为谋自己的利益，所做的行为完全是不择善恶的。

——［英国］毛姆

◆“拍马屁”是个奇怪的词，你像是在奉承它，又像是在侮辱它。

◆溜须拍马害己又害人；阿谀奉迎，害国又害民。

◆阿谀奉迎，等于半个辱骂。

◆奉承的话是裹有甜粉的毒药。

◆阿谀虽没有锋牙利齿，可是人的骨头有时会被它吃掉。

◆如果廉价的奉承能使人沉醉，阿谀者真该去经营一家酒店。

◆拍马是为了骑马，骑马是为了驭马。

◆以奉承为能事者，必为伪善之徒。

◆在面前阿谀讨你欢心的人，也会在后面以同样的手段诽谤你以讨他人开怀。

◆批评和自我批评是精神上的洗澡，而奉承则是用花布蒙你的眼睛。

◆有的人明知谄谀是陷阱，是危险的东西，但潜意识仍接受它、信任它——是鬼迷心窍，还是什么？

◆ 奉承是一种伪钞，只能在虚荣的心灵里得以流通。

◆ 奉承和吹捧是催眠的毒药，它能使人在不知不觉的睡梦中死去。

◆ 柔声蜜语的吹捧，往往来自一颗卑下的心，而严肃的批评，却来自一颗温暖的心。

◆ 恭维是覆盖着鲜花的深渊，批评是跌倒爬起来的拐杖。

◆ 垂柳见了谁都点头哈腰，它以为这样便会得到所有人的喜欢。挑选栋梁的建筑师见了它却不屑一顾。

◆ 只会跟主人亲昵的狗，猎人是不会要它的。

◆ 人虽没尾巴，但在奉承讨好上司时，却比狗尾巴摇得花样百出。

◆ 两腿直立的普通人比屈膝下跪的名人高大。

◆ 甜言蜜语是魔鬼射向心脏的箭。

◆ 奉承者很像朋友，犹如狼很像狗。

◆ 如果说动物有强于人类之处，首先是它们既不懂虚荣，也不知道奉承。

◆ 恭维总是危险的，谁欣然接受恭维，谁就将收获隐患。

◆ 只听恭维话，等于只长了一只耳朵。

◆ 不要以为披上了神圣的袈裟，就是一个正经的和尚。

◆ 宁愿叫真实咒骂，也别听虚伪的赞扬。

◆《荀子》“修身”篇：“谄谀我者，吾贼也。”古代圣贤把阿谀奉承的人称作残害自己的贼，这是给头昏眼花的人敲的警钟啊！

◆ 虚荣，仅是追求表面光彩，以赢得他人的赞许，而虚伪却是表里不一，当面一套，背后一套：表面上装做希望这事进行顺利，而在暗中设法对它阻挠破坏。

◆ 你不要接受敌手的哄骗，也不要听信佞人的逢迎，前者布下虚伪的网，后者张开了贪求的嘴。

◆ 苦涩的大叶茶，喝了清醒；香甜的蜂蜜酒，饮后沉醉。

◆ 嘉许，是发现别人的优点；马屁，是发明别人的优点。

◆ 尽管一天三遍对着镜子照，并不等于自己容貌漂亮；尽管一天说九遍使人流泪的话，并不等于思想一定善良。

◆ 怒目可怕，媚眼比它更可怕；怒目者不一定要害人，媚我者，必能害我。

◆ 鱼吞鱼饵，不知有钩；人接纳恭维，不知有毒。

◆ 没有什么事比别人赞同你把月亮说成太阳这件事更可悲了。

◆ 谄媚者是最坏的伪君子，因为他们千方百计美化你的缺点，鼓励你做各种坏事，让你文过饰非，颠倒黑白，混淆是非。

◆ 最大的虚伪莫过于做自己不想做的，最大的痛苦莫过于掩饰自己而去迎合他人。

◆ 世上最慷慨的人莫过于溜须拍马，他可以说尽天下最美丽的谎言，以掩盖事实真相；世界上最自私的人莫过于溜须拍马，他可以为一己之利，不择手段，以踢掉比他有才能的人。

◆ 一个出于反对而说出的“不”，比出于讨好的“是”字更可贵。

◆ 攀附在树干上的藤萝，有时爬得比树干还高，但它永远直不起腰。

◆ 大树如果接受青藤的献媚，生命不久就会失去原有的正直。

◆ 嘴上不饶人的，心肠一般都很软；心里不饶人的，嘴上说得才好听。

◆ 狗的表面是一副凶相，骨子里却是谄媚。

◆ 毒针扎的伤口虽然很小，但是毒性大；虚伪的语言虽然动听，但害处多。

◆ 人在甜言上易栽跟头，马在软地上易失前蹄。

◆ 污言秽语可鄙，巧言令色可恶。

◆ 花言巧语，是时髦的衣饰裹着丑恶的身躯。

◆ 尽管鹦鹉的歌喉美妙动听，却没有一个音符发自心灵。

◆ 常模仿别人说话的是鹦鹉，用花言巧语从中渔利的是媒婆。

◆ 人类长了眼睛和耳朵是为了发现美，可某些人却用来察言观色，再发展下去，就是巧言令色和巧舌如簧。

◆ 当你自我炫耀时，便会受到谄媚者的青睐。

◆ 在吝啬鬼眼里，人人都是泼留希金；照马屁精看来，没有一种笑容不包含谄媚。

◆ 喜欢给别人戴高帽的人，往往最喜欢他人给自己戴高帽。

◆ 好话说尽，则流于平淡；谦卑用尽，则过于虚伪。

◆ 囚禁你的，往往不是险恶的环境，而是迷人的风景。

◆ 流水越急，越易混杂泥沙。

泥沙借激流的力量而奔腾，即使到达大海，也逃不脱沉没的命运。

◆ 先吻别人的脚，后缠别人的腰，再踏别人的肩，就是藤蔓的“三部曲”。

◆ 尘土，平时总谦卑地匍匐在你的脚下，可一旦风来，它便肆无忌惮地朝你脸上扑打。

◆ 唱戏少不了跑龙套的，吹鼓手少不了抬花轿的；向上爬少不了捧臭脚的，谋私利少不了拉关系的；长官高兴了少不了陪笑的，上司发怒了少不了跟着吼的；小有成绩少不了唱赞歌的，你一旦出了错，当心——少不了落井下石的。

◆ 要特别警惕那些恭维你时低三下四，甚至作妇人状的人，你倒霉时，最先落井下石的往往就是他。

◆ 人情似纸张张薄，世事如棋局局新；易涨易退山溪水，易反易复小人心。

◆ 人最卑鄙的，并不是在报复社会或他人时点燃了一根导火线，而是想看到爆炸后的效果和狰狞的奸笑。

◆ 苍蝇也有它的智慧：专叮有缝的鸡蛋。骗子的手法高明，也在于他们是某种意义上的“心理学家”——他们要揣摩一些人的嗜好、欲望、虚荣，等等，以售其奸。

◆ 不能设下一个无形的陷阱，让别人往里跳；等人呼救时，却又伸出手来说：“来，我拉你一把！”

◆ 古训曰：含沙射人影，虽病人不知；巧言构人罪，虽死人不知。

◆ 镜子之所以让人喜爱，因为它正直，决不去粉饰权贵，丑化弱者。

◆ 正如试金石可以试金，金子也可以试人。

◆ 要有一双是非分明的眼睛，先锤炼一颗正直无邪的心。

◆ 外国一位名人说了一句对付恭维者的名言：

"谁的腰弯得最厉害，我就在谁的腰眼上踢一脚。"我们从中得到启发，对付溜须拍马者要果断：你溜，塞你一嘴马粪；你拍，狠狠踢你一脚！——看你还溜不溜，拍不拍？

◆ 风景远胜于媚骨，一士之谔谔❶远胜于众士之诺诺❷。

---

❶ 谔谔(è)：形容直话直说。

❷ 诺诺(nuò)：答应的声音，形容说顺从奉承话时的情态。

辨识篇

让睁眼看着玫瑰花的人，也看看它的刺。

——［印度］泰戈尔

你不要将弱小的敌人傲慢地看待，骨子里都有骨髓，衣衫里都有人在。

——［波斯］萨迪

死于敌手的锋刃不是悲苦，死于不知何来的暗箭却是悲苦。但更悲苦的是死于慈母或爱人误进的毒药。

——鲁迅

◆ 狼的声音，对羊来说是一种危险的信号。

◆ 狼请你做客，也许你就是酒肉。

◆ 躲在暗处的狼，比面对着的老虎更需要提高警惕。

◆ 放过一次豺狼不打，会招惹来十次不安。

◆ 要狼为自己的罪恶史忏悔，是羊的一厢情愿。

◆ 狼跑得虽快，却快不过猎人的枪弹。

◆ 狼和狐狸联合发起“友好”协会，特别欢迎驯弱和胆小的麋鹿、山羊、灰兔之类参加；然而积极要求入会的却是狮子、老虎、狗熊和眼镜蛇。

◆ 狼就是在最饱的时候，也不会放过鸡。

◆ 如果对狼读圣经，狼一定会说：“快结束吧，一群羊过去了。”

◆ 可以使狼的毛色改变，但却不可能改变它的本性。

◆ 金钱豹以崇高的激情去跟梅花鹿攀亲家，然而后者懂得：凭身上的斑攀亲是危险的。

◆ 老虎屈膝而卧，不是向你致敬。

◆ 看见狮子露出牙齿，不要以为它在微笑。

◆ 对饥饿的老虎莫要麻痹，对冬眠的毒蛇不要可怜。

◆ 鳄鱼流泪了。

你别以为它在忏悔，不，它是因为刚才没有把一条鱼咬住而深深难过哩！

◆ 狐狸做梦的时候，也在数小鸡。

◆ 呲牙的狗不一定咬人，小心夹尾巴的狗。

◆ 狗咬伤的药找得到，人咬伤的药找不到。

◆ 凶恶的主子，不会豢养出驯良的狗。

◆ 即使在黎明前的一刹那，也决不能因没有狗叫就认为是绝对的安宁。

◆ 捉狐狸靠智，捉恶狼靠勇。

◆ 毒蛇没有粗细之分，敌人没有远近之别。

◆ 毒蛇总在暗中咬人，坏人总在暗中伤人。

◆ 蝎子的尾，马蜂的针，最毒莫过坏人心。

◆ 飞蛾，只要它还没有被烧死，就不会放弃它的痴心妄想——扑灭灯光。

◆ 臭蛋，就不要指望它孵出小鸡。

◆ 许多罪恶是在美丽的外衣下进行的。蜘蛛为了捕捉虫子，不惜从肚子里抽出丝来，织成一张“情网”；响尾蛇发出淙淙泉水一样迷人的恋歌，也正是为了引诱猎物作它的食粮。

◆ 伪装的善良比真实的凶残更可怕。

◆ 当敌人对你微笑时，你可得加倍警惕。

◆ 乌贼吐出的墨汁无论多黑，也不能改变大海的颜色。

◆ 乌鸦再打扮，也成不了孔雀。

◆ 凤凰与乌鸦不同音，毒草与香花不同根。

◆ 即使凤凰从此绝迹，人们也不会在乌鸦的影子下栖息。

◆ 两只山鹰争斗不停，必有一只是乌鸦的食物。

◆ 坏一锅粥的不是老鼠屎，而是放老鼠屎的人。

◆ 如果一条鱼病了，是鱼的问题；如果一池子鱼病了，就是水的问题。

◆ 妥协久了，就会助纣为虐；宽容多了，就会姑息养奸。

◆ 你向敌人磕头，它会踩在你的头上；你敢面对敌人握拳，它就会后退三步。

◆ 对朋友——用最甜的蜜；对敌人——用最尖的刺。

◆ 朋友来了有好酒，若是豺狼来了，迎接它的有猎枪。

◆ 对火焰，用冷水泼灭；对顽敌，要用武力制服。

◆ 在敌人面前把朋友暴露和在朋友面前将敌人隐藏，同样是变节和背叛。

◆ 对你同样危险的是：你朋友的敌人和你敌人的朋友。

◆ 即使被朋友误打一记耳光，也好过和敌人亲吻。

◆ 宁喝朋友白开水，也不吃敌人的蜂蜜。

◆ 水和火是不相容的——不是水浇灭火，就是火烧干水。

◆ 敌人不足畏，最令人恶心而且痛心的，是友军中从背后射来的暗箭，受伤之后同一营垒发出来的快意的笑声。

◆ 想抢别人的皮毛，自己会被剥得精光。

◆ 为别人掘陷阱，掉下去的正是自己。

◆ 不作恶，恶便不会胜过你。

◆ 恶人引诱你，你万不可随从。

◆ 如果你已经因为认识不清而付出一次代价，就别再为了他生气而付出第二次代价。

◆ 当敌人夸奖你的时候，你就想想自己做错了什么。

◆ 纵火者喊救火的声音往往比谁都高。

◆ 想杀更多的苍蝇，与其用醋，不如用蜜。

◆ 火能烧死人，水能淹死人，但水的模样温柔，好像容易接近，因而也容易上当。

◆ 如果心是门槛，诱惑是前脚，灾难便是后脚。

◆ 谣言比帝王的屠刀还锋利。

◆ 用诽谤和谣言杀人，比用刀枪杀人更狠毒。

◆ 流言比实话还要动人十倍，所有不合理的事情的出现都是可能的。

◆ 流言是用愚昧和妒嫉之弦射出的一支毒箭。

◆ 当谣言越来越靠谱，辟谣就是证实。

◆ 诽谤像大黄蜂，如果一拳无法把它打死，最好先别惹它。

◆ 魔术提醒你，亲眼目睹的，也会是假象。

◆ 魔术，玩的愈高超，其欺骗性愈大。

◆ 魔术，人们真的受骗了，还笑得挺开心。

◆ 被欺骗，证实了你的天真；去欺骗，并不证实你的成熟。

◆ 能够欺骗你的，有时往往不是那些经不起理性检验的谎言和假象，而是那些被人刻意选择和过滤之后，再告诉你部分真相。因此，被包装后的真相更可怕。

◆ 许多假象之所以能蒙蔽人，原因不是我们太傻，而是有时我们太精。

◆ 真相，要站远些才能看清。

◆ 没有人的地方不会有鬼，鬼总是为一些人的需要和依附而存在。

◆ 世界上还没有一种方法可以从一个人的脸上探测到他的居心。

◆ 阴谋都是精心策划的，但总是比偶然案件易破。

◆ 要有一双是非分明的眼睛，就要先锤炼一颗正直无邪的心。

◆ 金子闪光，镀金的铁也闪光，金饰匠人是能识别它们的。

◆ 不为花言巧语所惑，不因流言蜚语而止，不为污言秽语所惧，不因胡言乱语所息。

◆ 雾造成的迷惘不会持久。

鱼水篇

只有当一切音响被它们的一个统一的和声吞没并消失其中的时候，才能成为音乐。

——［俄国］赫尔岑

人民是土壤，它含有一切事物发展所必需的生命汁液；而个人则是这土壤上的花朵与果实。

——［俄国］别林斯基

一个人像一块砖砌在大礼堂的墙里，是谁也动不得的；但是丢在路上，挡人走路是要被人一脚踢开的。

——艾思奇

◆ 羽毛是鸟儿飞翔的工具，可是羽毛也只有生长在鸟儿身上才能飞翔。

◆ 鱼，在水中或浮游在上，或滑翔在下，其轻快自如情态，可与空中飞鸟媲美；然而一旦离开水，不仅没有丝毫施展能力，恐怕很快就会停止呼吸。

◆ 潭里的水本来也是无色的，但由于水深了，便呈现出蓝湛湛的色彩。

◆ 人民好比太阳，个人只是星辰。

◆ 根深之树不会风折，泉源之水不会涸竭。

◆ 狂风能卷起戈壁滩上的万顷散沙，却不能拔掉昆仑山上的一棵小草；一个人把生活的根深扎在群众之中，就不会随风飘摇。

◆ 离开群众的人，就像飘落的黄叶。

◆ 参天大树深深扎根于泥土之中，才能使枝叶繁茂，蒸蒸日上；有志者永远生活在群众之中，才能青春常在，朝气蓬勃。

◆ 水滴汇合于大海中，能够乘风破浪，载舟扬帆；而荷叶上的水珠，太阳一晒，顷刻变为飘渺无踪的水汽。——难道一个人能离开集体吗？

◆ 群众是根茎，是海洋；个人是树叶，是滴水。

◆ 一个人好比一滴水，而群众的力量却像大海。一滴水离开了大海发挥不了什么作用，而无数滴水所形成的大海，却能掀起无边的巨浪，形成不可战胜的力量。

◆ 大海虽有无限的水量，但它从不拒绝江河的流入。

◆ 把自己看成一滴油，将永远不能同水交融；把自己当成一滴水，你将在大海中获得无限生命。

◆ 鸟儿能够飞翔，不仅因为它生有双翅，还因为空间有大气的浮力；个人的智慧，只有播种在群众丰腴的土壤里，才能开花结果。

◆ 多数人爱你，你如鱼游在江河里；多数人恨你，你如鱼躺在沙滩上。

◆ 每棵松树都是为松林而鸣响的。

◆ 浪的生命，涛的力量，全来自大海那深沉的胸膛。

◆ 雁，排着严整的阵容，鼓翼凌空，受到人们的赞美；一旦离开了集体，孤雁就成了悲凉的缩影。

◆ 一个人离开了集体，就像叶子离开了树枝，失去了生命的光彩。

◆ 脱离群众、脱离实践的人，就好比水上的浮萍、断线的风筝、激流里的泡沫、天空中的流云。

◆ 大海里的浪花，洁白如雪，猛如雄狮；而一旦扑到岸上离开大海，便一触即溃，销声匿迹。

◆ 浪花产生于激流，但它只有和江河结合，才能掀起巨浪。

◆ 浪花说："我要抛开大海母亲，直奔那更美好的生活……"大海敛起了笑容，浪花也受到冷落。

◆ 一朵花常常枯萎不展，花丛中的花才开得鲜艳。

◆ 豆芽失去了大地母亲的抚育，才变得如此苍白、脆弱。

◆ 血，无比珍贵，可一旦离开了血管，溅到地上，便成了一滩污秽。

◆ 蜜蜂辛勤地深入百花丛中才能酿成香甜的蜂蜜；一个人只有虚心地从群众中吸取智慧，才会变得聪明。

◆ 种子，只有回归泥土，才能赢得五彩斑斓的青春。

◆ 离开熔炉的矿石，前途并不比普通的石头美妙一分。

◆ 红花对绿叶说：“你没有我漂亮、风韵。”绿叶淡淡地说：“如果没有我终生不停地工作，你便立刻枯萎、死亡。”

◆ 石头说：何时我身上能长出青青芳草？

泥土说：问你自己吧，何时能吸收一点养分……

◆ 彩虹不是最眩人眼目吗？但是离开了阳光与水珠，它自身什么也不是。

◆ 鳄鱼在深水里才有力量，离开了水，只有任人摆布。

◆ 砂轮的坚韧，是接受了散沙的教训。

◆ 风筝要在空中翱翔，要珍视线的制约。

◆ 风筝被线拴住，感到不太自由，想要求绝对自由；结果，线断了，它变得空荡荡的，随风飘摇，最后还是毁了自己。

◆ 玻璃总是埋怨窗框把它限制得太死了，要求给松动。一次，大风来了，玻璃离开了窗框，一落到地上，就全碎了。

◆ 船对河说：“你将我限制得太死。”河答道：“你到陆地上去寻找自由吧！”

◆ 自由之船离不开纪律的航道。

如果说自由是善良的妇女，那么她应当是纪律的妻子；“绝对自由”是泼妇。

◆ 锁和钥匙互相鄙薄的结果，大家都沦为废物。

◆ 箭笑弓说：“你为啥总是驼背弯腰，挺不起胸膛?”

弓回答说：“我如果像你，咱俩谁都没有力量了。”

◆ 如果每个人都以自己的方式划桨，小船就不会前进。

◆ 羊各自为己，狼才无所顾忌地出没在你的群体中。

◆ 若是大家都走到河边，鳄鱼便不敢张嘴。

◆ 只要拧成一股绳，纱线也能捆住狮子。

◆ 蚊子如果一齐冲锋，大象也会被征服。

◆ 团结群居的喜鹊，比独行的老虎还有力量。

◆ 蚂蚁虽小，但它们众志成城，哪怕是块骨头也能啃得动。

◆ 溪水流在海洋里，就能和海洋共存。

◆ 山泉多的地方河流总是澎湃，群众多的地方智慧在那里产生。

◆ 巨大的松涛声，是从每棵树上发出来的。

◆ 微风聚在一起，就有台风的力量。

◆ 滴水可以成江河，但是，要成江河，必须汇集起来。不愿集中，风吹日晒，到头来只能化为乌有。

◆ 一个音符，怎能谱成交响乐？只有若干音符有机地组合起来，才能构成时代的声音、生活的激流、战斗的号角……

◆ 一颗算盘子，在任何情况下，永远是一个单数，只有两个、三个……结合在一起，才能代表十、百、千、万……

◆ 银河的光比所有的星都亮，是因为它是众多星星的组合。

◆ 一盏灯再明也照不亮全城，只有千万盏明灯才能成不夜之城。

◆ 我们赞美太阳的七色光，它们不会为自己的个性和才能的异同，就独自行动，而是紧密团结成了一个整体，放射出耀眼的光芒。

◆ 金色的阳光照射在凸透镜上，凸透镜把它聚成一个灼热的光点。凸透镜的原理告诉我们，只有目标集中，凝聚力强，才能放射出灿烂的火花。

◆ 如果一个物体的重心，落在支持物体的平面上，那么，这一物体就不会动摇、倾倒。

◆ 水、火、油本不相容，可是它们组合在一起，却成了推动车轮前进的朋友。

◆ 一朵花再大也不能铺满一个花园，而无数小花朵却可以覆盖整片原野。

◆ 一堆篝火，就能熊熊燃烧，唱起雄伟而热烈的生命之歌；然而一根湿柴，只能在一边冒烟、叹息。

◆ 不要怕自己的脚印被湮没，通衢大道是由千万人踩成的。

◆ 接力赛是运动场上最鼓舞人心的竞赛项目，因为，它告诉人们，取得胜利要靠集体。

◆ “人”字的结构，就是相互支撑，“众”人的事业需要每个人参与。

◆ 明亮的银河是一颗颗星聚集起来的，浩瀚的海洋是涓涓流水汇集起来的，伟大的事业是一滴滴血汗凝结起来的。

◆ 两个分力的夹角越小，合力越大；一个集体团结越紧，攻关力越强。

◆ 暴风雨可以摧折大树的躯干，但在树林前却是无能为力。

人生篇

人生不是一支短短的蜡烛，而是一支由我们暂时拿着的火炬。我们一定要把它燃烧得十分光明灿烂，然后交给下一代的人们。

——［英国］萧伯纳

人的一生可能燃烧也可能腐朽，我不能腐朽，我愿意燃烧起来。

——［苏联］奥斯特洛夫斯基

人生的道路虽然漫长，但紧要处常常只有几步，特别是当人年轻的时候。

——柳青

◆ 人生是什么？

事业说：人生就是建筑历史的一块砖瓦；
理想说：人生就是万绿之原的绚丽花朵；
奋斗说：人生就是与风浪博斗的那双橹；
幸福说：人生就是攻破难关后的载歌载舞；
勤劳说：人生就是耕耘大自然的那头牛；
友谊说：人生就是帮助别人攀登的阶梯；
奉献说：人生就是燃烧自己照亮他人的蜡烛；
困难说：人生就是那条坎坷曲折的山路；
挫折说：人生就是那在暗礁中行进的船；
失意说：人生就是那只断线飘摇的风筝；
虚荣说：人生就是那件镶金佩玉的外衣；
贪婪说：人生就是不择手段尽情占有；
投机说：人生就是那一缕无孔不入的风；
厌世说：人生就是那块很快破败的墓碑。

◆ 人生的含义就是前进，然而在前进的道路上，强者跑步，懦夫踏步。

◆ 人生的意义在理想的光辉中闪烁，生命的价值在创造的生活中闪现。

◆ 人生是不会空白的，问题在于用什么色彩去填充。

◆ 生命的意义不能用时间的长短来衡量。闪电的生命只有百分之一到千分之一秒，然而它的光芒能照耀千里，它的声音能震撼大地。

◆ 青年衰老的心说：“人生不过是荷叶上的一颗珍珠，稍纵即逝。”

老人年轻的心说：“人生是常青树，在伟大事业里永存。”

◆ 消沉了一分钟，等于死亡了一分钟，正确的年龄应当这样计算。

◆ 有的人往往惋惜火柴的命运，说它只那么短暂的一刹那就结束了整个生命。正因为这一刹那，火柴才迸发了灿烂的火花，显示了它生命的光辉。

◆ 英雄蔡永祥为抢救运行的列车而壮烈牺牲。千钧一发之际，他离铁轨仅一步之遥，而这一步，有些人一生也走不完。

◆ 人生就是一座熔炉，可以炼成钢铁，也可以炼成铁渣。

◆ 人生是一座可以采掘开拓的金矿，但总是因为人们的付出程度不同，给予人们的回报也不相同。

◆ 有什么样的人生钥匙，就会开启什么样的人生境界。

◆ 最智慧的人生是用最少的悔恨面对过去，用最少的浪费面对现在，用最多的自信面对未来。

◆ 人生之旅，长路漫漫；每一步，都需走正走实。

◆ 人生的行囊里，少背一点，会走得更久。

◆ 夕阳临走时，也能像诞生时一样夺目，那是因为它一生没停留过半步。

◆ 人生是斜坡，中间站不住，要么滑下去，要么攀上来。

◆ 人生就像骑单车，要保持平衡，你必须不断前进。

◆ 人生虽然受各种因素的牵制，但正是在这互相牵制中获得了动态平衡。

◆ 人生不售来回票，一旦动身，绝不能复返。

◆ 只要你的心是晴的，人生就没有阴雨天。

◆ 没有人可以回到过去重新开始，但谁都可以从现在开始，书写一个全然不同的结局。

◆ 如果有人只愿意享受明媚的春光，而忘记春前有严寒，春后有酷暑，那他也不会真正懂得春天的乐趣。

◆ 每个人都试图在这个世界上留下自己的声音，因人生价值取向不同，其声音也各异：或浑厚如暮鼓晨钟，或微贱如秋虫浅唱，或悠长如春水，千回百转，或绚烂如昙花，只开一瞬。

◆ 人生难免和痛苦不期而遇，其实痛苦并不可怕，可怕的是内心背叛自己，成为痛苦的帮凶。

◆ 人生，与其说像跳舞，不如说像摔跤，因为它要求我们立定脚跟，准备好任何不期而遇的打击。

◆ 生命，如果跟时代的崇高责任联系在一起，你就会感到它永垂不朽。

◆ 小溪向往着大海，才能勇往直前；奔腾不息的生命，一旦淤积不前，就会失去原有的清亮。

◆ 苦和甜，是推动人前进的两个轮子。

◆ 酸甜苦辣都是人生的滋味，尝一尝，挣扎一番，挺有意思的。

◆ 人生并不都像蜜那样甜，就跟大地并不只生长甘蔗一样。

◆ 人生的航船不仅需要奋斗的马达来推动，更需要理想的罗盘来领航。

◆ 与其等待着命运的安排，不如奋起创造改变人生的奇迹。

◆ 努力是人生的一种精神状态。往往最美的不是成功那一时刻，而是那段努力奋斗的过程。

◆ 在人生的海洋里，有的人虽然摇着一叶小舟，但他却战胜了险涛恶浪，渡到彼岸；

有的人，虽然坐在万吨巨轮里，但当海面起了一点小风，就惊惶失措，急忙把救生圈套在脖子上。

◆ 人生不只是一条小河，平静地流着，而是大江大海，时有惊涛骇浪。对于胆怯者来说，这是让人提心吊胆的深渊；对于勇士而言，它是任我驰骋的战场。

◆ 在普通的道路上行进要靠双脚，在人生的道路上前进一步，不仅要用健壮的腿，而且还要用毅力和意志。

◆ 因为昼夜不息地承受海水的淘洗，贝壳才显得那么光彩夺目，令人爱不释手。

◆ 时代的脉搏不是医生所能诊断的，只有满怀激情投身到事业中去的人，你才有可能感受到它的跳动。

◆ 萤火虫光虽然微弱，却是从自己身上发出来的。

◆ 小蜜蜂辛劳一生，它那酿造生活的美德为人所赞颂；寄生虫闲逸一生，它那损人利己的丑行被人所唾弃。

◆ 如果把人生比作船，那么，理想是它的舵，勤奋是它的桨，信念是它的帆，坚韧是它的锚。

◆ 乐观，人生的彩霞。

◆ 世界如同一只玫瑰花，悲观的人只想到它的刺可怕，乐观的人只想到它的香可爱。

◆ 如果你觉得不爽，你就抬眼望窗外，世界很大，风景很美，机会很多；人生很短，不要蜷缩在一小块阴影里。

◆ 一个人的精神可以击败许多厄运。要存活下去，并且要活得精彩，就需要有宽广的心胸，百折不挠的化解痛苦的智慧。

◆ 人生需要四种人：名师指路，贵人相助，亲人支持，小人刺激。

◆ 曲折的人生道路，会使你的人生更富有魅力。

◆ 充实的头脑，活跃的思维，丰富的情感，才能组成人生曲线的峰值。

◆ 生命的存亡如暴风来去，踏下的脚印却永远存在。

◆ 一个向量，是正是负，要看你追求什么；一个砝码，是重是轻，要看你怎样追求。

◆ 人生无捷径可走，因为省了该走的路，可能要绕更长的路。

◆ 如果你心中燃着一团火，冰雪落入也会化为春水一泓。

◆ 万木在秋天落叶时，并不意味着它们生命的枯萎。

◆ 谁的人生没有包袱？关键是看你把它当笑话抖掉，还是当负担背着。

◆ 人生就像做土木工程，你必须能够抗弯、抗剪、抗扭、抗压、抗拉、抗震、抗打击、抗腐蚀、抗沉降，你必须有刚度、有弹性、有塑性，你必须静定，甚至超淡定。

◆ 热爱美好的人生才能写出美好的诗，热爱火热的生活才能谱出情深的曲。

◆ 人们走过的每一个足迹，都是自己生命的留言。

◆ 莫让岁月编进打水的竹篮，要用我们的汗水和智慧燃起事业的火炬，让人生价值升华到最大值。

◆ 一个人真正的幸福不是待在光明之中，而是从远处凝望光明，朝它奔去；就在那拼命忘我的时间里，才有人生的真正充实。

◆ 悔恨——能否定自己是痛苦的事情，但它却校正着走向未来的脚步。

◆ 人生坦途是谦虚、谨慎和勇敢；人生暗礁是自满、轻信和胆怯。

◆ 年轮，对虚度者是不幸的皱纹，对开拓者是满意的微笑。

◆ 地球的引力，使人脚踏实地，但也能叫人跌入泥坑。

当心啊，人们！道路并不平坦，迈步须掌握自己的重心。

◆ 举首仰慕前行者的足迹，莫如低头检查自己前进的脚步。

◆ 对于善思者，人生是喜剧；对于善感者，人生是悲剧。

◆ 青春，是一部没有装订的书。

◆ 青春不仅是花朵的笑靥、蓬勃的精力、诱人的黑发，它还包含着耕耘、探索、拼搏。

◆ 青春的不如意总是伴随许多诋毁，但是路边几条臭水沟，不废江河万古流。

◆ 谁拥有过笑声，谁就拥有了青春；谁拥有了歌声，谁就拥有了生命。

◆ 青春之树常绿，需要事业和爱情的阳光。

◆ 青春不仅属于那些风华正茂的青年人，更属于那些永不倦怠、永远进取的人。

◆ 青春不一定属于黑发人，也未必随着白发而消逝。

◆ 人生就像压力锅，压力太大的时候就成熟了。

◆ 鸡蛋从外打破，是食物；从内打破，是生命。人生从外打破，是压力；从内打破，是成长。

◆ 如果火绒不去接触火石，就永无火花；如果生命放在保险柜里，生命也就成了古董。

◆ 船在负重的时候，是最安全的；空船时，则是最危险的——这就是“压力效应”。那些得过且过，没有一点压力，做一天和尚撞一天钟的人，像风暴中没有载货的船，往往一场人生的狂风巨浪，便会把他们打翻。

◆ 能力有限，努力无限；生命有限，为人民服务无限。

◆ 人生的价值在于：个人失去是为了整个社会的获得。

◆ 人生的价值不在于开放几朵绚丽之花，而在于向社会奉献出甜蜜之果。

◆ 一颗向太阳的水珠，能辉映出七彩云霞；一颗为人民跳动的心，能焕发出无穷的光和热。

◆ 为人民服务是一次长跑，只有生命终结，才算达到终点。

◆ 在人生的道路上，有的人，他的事业进展，同他年龄的增长成正比例；有的人，却正好相反。

◆ 衡量伟大与渺小的标准是一个人的人生哲学取向。为他人拔一毛而不为，得到的是自己的躯壳；为人民鞠躬尽瘁，得到的则是广阔世界。

◆ 人生最大的痛苦就是千方百计得到的却不是自己想要的。

◆ 金钱有时是魔鬼，它可以扭曲人的灵魂，糟蹋人生。

◆ 金钱能让人富有，也能让人疯狂；能让悲剧变成喜剧，也让喜剧变成悲剧；能改变人生，也能摧毁人生。

◆ 人生最大的苦：为欲所驱而不得停，为利所牵而不得止，为情所困而不得解，为名所累而不得休。——苦并不是来自生命的需求，而是来自心中的贪。

◆ 人生最大的错误是用健康换取身外之物，人生最大的悲哀是用生命换取个人烦恼，人生最大的浪费是用生命解决自己制造的麻烦。

◆ 人最悲哀的就是，刚被历史的车轮辗过，还没爬起来，发现历史在倒车。——这种人生命运跟伤口还没愈合，又在上面撒把盐的命运多么相似。

◆ 相信有好“命运”，便守株待兔——会在盲目乐观中贻误自己；

相信有坏“命运”，便觉得奋斗也无用——会在虚无悲观中消磨自己。

◆ 人的一辈子都在高潮—低潮中浮沉，唯有庸碌的人，生活才如死水一般。

◆ 寒号鸟安于得过且过，不图自强，所以终生连一个窝也没筑成。

◆ 生命的零度，可能没有死；灵魂的零度，早就死了。

◆ 能使人趴下的不是多舛的命运，而是内心已死去的自我。

◆ 从不幸中抬起头来，是生命中最美好的姿态之一。

◆ 路走错了，还可以回头再走；如果人生的道路走错了，又不肯回头，就会毁灭自己。

◆ 一步登不上高峰，一步却可以跌落深渊。

◆ 在飞越壕沟的一刹那，哪怕是一丝一毫的犹豫，也会使自己掉进去。

◆ 精神的瘸子总是埋怨人生之路的坎坷。

◆ 很多时候，阻挡你前行的，不是跑在你前面的人，而是落在你后面的人。

◆ 经不起时间考验的酒，最易变质成醋。

◆ 假如我们不能在到达的每一处港湾重新扬起生命的征帆，那我们乘载的生命之舟便只有在浪潮的拍打声中锈蚀、沉沦。

◆ 一瓢污水在流泉中只能停留一瞬，一堆污泥在死水中会沉留永世。

◆ 被一个人误解了，这是烦恼；被许多人误解了，这是悲剧。

◆ 仰望天空时，什么都比你高，你会自卑；俯视大地时，什么都比你低，你会自负。只有放宽视野，把天空和大地尽收眼底，才能在苍穹和沃土之间找到你真正的人生位置。

◆ 人生之大错，是让失误摧毁你的信念。

◆ 自暴自弃，犹如一条啃噬心灵的毒蛇，它吸取着心灵的新鲜血液，并在其中注入厌世和绝望的毒液。

◆ 人喜欢让别人看他拥有什么，这样，他的生命就变成了一个橱窗的展示；人也喜欢让别人知道他有什么能耐，这样，他的生命又变成了一场马戏表演。

◆ 人类在进化的过程中养成了巨大的适应环境的能力，有些人已异化为“变色龙”。

◆ 人生就像烙饼，需翻够了回合才能成熟。

◆ 人生就像往锅里下饺子，无论是被抛下水，扔下水，还是自己跳下水，一生中不蹚一次浑水就不算成熟。

◆ 成熟应该是：狂热时冷静，动荡时坚定，挫折时奋起，迷惘时清醒，位高时低调，落难时镇定。

◆ 绘制人生地图的艰难，不在于我们需要从头开始，而是唯有不断修订，才能使地图翔实而准确。

◆ 黎明给人带来憧憬，黄昏给人带来思索，热烈也会产生冷静，深沉也会萌发激情。

◆ 生命是自然给人类雕琢的宝石，因而要珍惜生命，热爱自然。

◆ 人的价值，在遭受诱惑的一瞬间被决定。

◆ 所有通往地狱的路原先都是准备到天堂去的。

◆ 人生是场永不落幕的演出，每个人都是“演员”。只不过，有的人扮演的是正面角色，有的人扮演的是反面角色。

◆ 一个人的精神可以击败许多厄运。要存活下去，并且要活得精彩，就需要有宽广的心胸、百折不挠的意志和化解痛苦的智慧。

◆ 人生是一部公正的历史大典。高风亮节之人，劣迹昭著之徒，浑浑噩噩之辈，它都一一记录在案；历史是没有偏见的，是人们自己写自己的历史。

◆ 记忆的磁带上，抹不掉浩气长存的英雄。他们的声音和容貌激励着我们刚刚踏上跑道的接力队。

◆ 无论是在阳光下，还是在月光下，人都应该留下自己正直的身影。

◆ 凡破产都是可悲的，而最可悲的破产，是人生的破产。

生活篇

我从来不把安逸和享乐看作生活目的的本身——这种理论基础，我把它叫猪栏的理想。……人们努力追求的庸俗的目标——财产、虚荣、奢侈的生活，我总觉得是可鄙的。

——［美籍德国］爱因斯坦

应该相信，自己是生活的战胜者。

——［法国］雨果

如果我们生活的全部目的仅在于我们个人的幸福……那么，生活就会变成一座可怕的地狱。

——［俄国］别林斯基

◆ 生活，是吮吸荆棘丛的蜂蜜。

◆ 生活应该像橄榄一样，甜甜蜜蜜往往裹着酸涩的外衣。

◆ 生活岂止是醇香的酒，生活岂止是甜美的蜜；生活也不只是苦味的果，生活也不尽是含泪的云。酸甜苦辣，喜怒哀乐，应有尽有。

◆ 生活应当丰富多彩，但它的基调必须是健美的、昂扬的。

◆ 生活是一条滚滚奔腾的激流，生活的激流冲击着水手，但也锻炼了水手。

◆ 劈波斩浪的人和随波逐流的人，虽然都在激流里，但行动却是两样。

◆ 生活是一场无止境的充满挫折和挑战的挣扎，但最终，你会找到那个你喜欢的发型师。

◆ 生活的秘密就是把绊脚石变成奠基石。

◆ 激流才有浪花。

◆ 生活本身如此美好，许多人并未认识到这一点，却在不断浪费它。

◆ 生活不会抛弃任何人，只要你能从内心释放出积极向上的力量。

◆生活是一张网，打捞起来，有幸福，也有痛苦。

◆海上的波涛有时会平静，而生活的浪花却永远在翻腾。

◆种子不贪求地下的温暖、舒适；它冲破泥土，昂首经受大自然的雨露风霜，茁壮成长，扬花结果。

◆生活可以是甜的，也可以是苦的，但不能是没有味道的。你可以胜利，也可以失败，但你决不能屈服。

◆不愿意击生活小鼓点的人，永远没有权力奏出时代的大乐章。

◆人缺少热情就如同火石缺少撞击，无法迸发出火花。

◆海燕觉得只有飞翔在宽广无边的大海上，才是真正有意义的生活；而海鸥认为只要有一个小小的避风港，就感到满足和幸福。

◆鸭，摆着绅士的姿态，满足于“呱呱”叫的生活。

◆生活就像“忐忑”，没有歌词，照样惊心动魄。

◆ 生活时时刻刻在严峻地考验着每个人。失败的苦楚是考验，成功的快乐是考验，艰苦的历程是考验，舒适的环境是考验……能够承受生活所给予的全部考验的人，才能称得起生活中的强者。

◆ 当我们觉得生活乏味的时候，正是对生活缺乏理解的时候。

◆ 如果觉得生活是一种刁难，一开始你就输了；如果觉得生活是一种雕刻，你迟早都会赢的。

◆ 生活中缺乏明确的世界观，生活便成了沉重的负担。

◆ 听不见生活的鼓点，就意味着你的听觉已十分迟钝了。

◆ 在生活的激流里，每天都弹奏着晶亮美丽的音乐，只有潜游在生活激流中的渔人才可以听到。

◆ 生活就像一架钢琴，白键是快乐，黑键是悲伤；只有黑白合奏，才能弹出美妙的音乐。

◆ 生活就像一架钢琴，你演奏出几分精彩，它就为你流淌出几分美妙。

◆ 生活犹如一架钢琴，每个人都有权弹奏它。正因为这样，有的人在键盘上奏出了春天的希望、夏天的绿荫、秋天的收获、冬天的喜悦；而在有的人的手指下却出现了春天的寂寞、夏天的焦灼、秋天的悲愁、冬天的凄凉。

◆ 生活是一张琴，只有热爱生活的人，才能奏出昂扬的节奏；懒散的生活正如松弛的弦，它弹不出悦耳的声音。

◆ 一个人尝尽了生活的苦头，懂得了什么叫做生活的时候，他的神经就坚强起来了。

◆ 惧怕生活的砂轮，永远是一把生锈的钝刀。

◆ 生活常常捉弄人，当你刻意想得到什么时，那个东西偏偏远离你；当你淡泊某些东西时，好运却不期而至。

◆ 生活是位导演，它总爱把悲剧的角色赐给那些懦弱的人。

◆ 人活着就应该像溪流似的寻路前进，无论如何不能让烦恼绊住自己前进的脚步。

◆ 没有太多的生活珍珠，就无法串成精美的艺术项链。

◆ 希望是火，失望是烟；生活就是一边点火，一边冒烟。

◆ 乐观是精神的支柱，能拓展生命的空间，增强生活的弹性。

◆ 生活中最美好的东西，往往是免费的，包括生命、微笑、爱。

◆ 拥有廉价愉悦的人，也是最富有的人。

◆ 愉快是实实在在的现金，而其他的一切都是远期支票。

◆ 上帝给你一张脸，笑必须由自己完成。

◆ 快乐的人不是没有痛苦，而是不会被痛苦所左右。

◆ 微笑和沉默是两把利器：微笑解决很多问题，沉默避免许多问题。

◆ 只会用微笑来应付生活的人，比痛哭还要可怜。

◆ 人活着，应该是由于自己的存在而使别人生活更美好；即使暂时做不到这一点，那也决不能成为别人前进道路上的障碍。

◆ 为他人创造幸福，他才是真幸福。

◆ 最幸福的人并不一定什么都好，只是因为他们懂得欣赏生活的美好。

◆ 幸福是缕花香，那花开在你心灵的深处，只需微风轻轻吹动，便能散发出使你陶醉的花香。

◆ 通往幸福的最大障碍，就是对幸福苛求太多。

◆ 谁把安逸当作幸福的花朵，那么等到结果时，他只能望空兴叹。

◆ 只会享受，猪是冠军。

◆ 生命之树的蛀虫：吃、喝、玩、乐。

◆ 过度追求享受，只会导致思想的贫穷；朴实的生活，可以孕育精神的富有。

◆ 闲逸的生活如醋酸，会腐蚀灵魂的钙质；炽热的生活如酒精，能燃起生命的火花。

◆ 孤独寂寞和被遗弃感是最可怕的贫穷。

◆ 精神上的空虚，是任何物质也填补不了的。

◆ 一个人最沉重的负担不是为事业的奋斗，而是生活的无聊。

◆ 生活空虚的人，往往因第一根白发而引起惊呼和不安；而勇于在生活的激流中劈波斩浪奋勇前进的战士，却把满头银丝看作崇高的奖赏。

◆ 华丽的帷帐，遮掩的可能是颓废的幽灵；朴质的风帆，囊括的是昂扬的激情。

◆ 刻板的习性是潭死水，丰富的生活是座花园。

◆ 泪和汗都是湿而咸的，但两者所获结果不同。泪为你带来痛苦，汗则为你带来进步。

◆ 不要后悔，要面对生活的真实；生活总是会给你鼓励和勇气。

◆ 一旦被生活绑架，总是难免要学会伪装自己，取悦别人。

◆ 真正的自由来自内心，在认识上没有困惑，在心灵上没有烦恼。

◆ 一个人生活中的阴影多半是他本人挡住了太阳光所形成的。

◆ 人是活给自己看的，不是他人的一句话就能左右自己，要让自己活出潇洒的自我。

◆ 眼中只看到偶像的人，永远找不到真实的自我。

◆ 冷漠是社会的砒霜。

◆ 猜疑是冷漠的孪生，但它比冷漠更为可怕。

◆ 总在乎他人怎么看你，那你会一直是他人的奴隶。

◆要公道，打个颠倒。当他人冷漠对待你时，请你换位思考：把自己当别人，把别人当自己。

◆每个人都是别人的镜子，别人如何反射你，取决于你用人性的哪一面去照射别人。

◆天下没有不散的宴席，但是只要你与自己没有走散，就没有什么可担心的。

◆往往是那些担心被人看不起的人，才会添置那种过分雕琢、近乎怪诞的摆设，借此传出一种信息：我也应该得到尊重。

人们追求奢华，与其说是出于虚荣，倒不如说源于一种挥之不去的心结。

◆在一些人面前，你或许觉得一文不值，但在另一些人眼里，你或许就是无价之宝。所以，任何时候都不要贬低自己。

◆人与人、心与心之间仅是一堵墙，用关爱的心，用沟通的手，就能推倒墙，筑成桥。

◆要点燃别人，自己就应是一团火；要以情感人，自己先捧出一颗温暖的心。

◆在坎坷的生活道路上，最细小的礼貌如在漫长的冬天为我们歌唱的小鸟，那歌声使冰天雪地的寒冬变得容易忍受。

◆ 微笑就像汽车的雨刷，虽然无法让风住雨停，却能帮助我们继续前行。

◆ 伞能为人遮挡一些风雨，却永远无法为我们营造心灵的晴空。

◆ 不要轻易地把伤口揭开给不相干的人看，因为别人看的是热闹，痛的却是自己。——不是谁都能理解你。

◆ 有秘密的人是富有的，然而，为秘密而生活的人却是苦累而愚蠢的。

◆ 浪漫本是烛光，如果熊熊燃烧，就成了火灾。

◆ 人的自私是一堵与世隔绝的墙。

◆ 一个人没有私心那是草木，一个人充满了私心，那是禽兽。

◆ 私欲就是一架老花镜，它使你只看到眼前，远望时则睁不开眼。

◆ 自私和怯懦的人为保护自己的利益和安全，最终丢掉自己的品格和尊严。

◆ 斤斤计较个人得失的人，他失去的将比得到的多。

◆ 哪怕最大的算盘也算不清个人得失的账；谁若硬要算，只能越算越糊涂。

◆ 在名利的土壤中不会长出好庄稼。

◆ 蜗牛背个大包袱，自然寸步难行；海燕一身轻捷，才能冲破惊涛骇浪，翱翔天空。

◆ 贫困虽然可怕，但比贫困更可怕的是贪婪。

◆ 私欲一旦膨胀，就必然贪婪；贪婪是欲壑，永远填不满。毁灭自己的绝不是他人，而是自己。

◆ 贪婪的心像沙漠中的不毛之地，吸收一切雨水，却不生一株草。

◆ 风寒能引起感冒，病菌会导致化脓，贪欲使心灵扭曲、德行变丑。

◆ 倘若生命的秤盘上盛满了私欲，那么天平的另一端只能挂上用他人的血汗铸成的砝码。

◆ 德国一名伟人布莱希特发人深省地说："从贪婪开始就会在牢狱里告终。"人，应以此为戒。

◆ 人的生活离不开金钱，然而如果把它看得高于一切，那么这金钱也就变质变味了。

◆ 金钱，是市侩灵魂上最重的砝码。

◆ 金钱是什么？金钱是浇花的水，浇的水适量，可以使花木健壮，繁花似锦，花开四季，鲜艳夺目；浇的水过量，就使得花木连根腐烂。

◆ 人能钻进小小的钱孔（古代金属圆币，中间有小方孔），因为灵魂已扭曲变形。

◆ 如果你从钱眼里去追求幸福，铜钱就会套住你的脖子，变成沉重的枷锁，你的生活就会越来越沉重，越来越不幸。

◆ 越是看重金钱和物质，人就越不容易满足，心理也就变得越脆弱。

◆ 你的眼光，应该比你现在挣的钱更重要。——过去讲一叶障目，现在一纸钞也能障目。

◆ 欲望就像“打地鼠”游戏，总是在你好不容易打下去一个后，另外几个又出其不意地冒了出来。

◆ 肥皂泡胀得越大，越容易破裂；个人要求越不切实际，越带来失望。

◆ 悬崖上的欢乐，是短暂而危险的。

◆ 情绪不要长久地低沉，否则，生活就显得太累人了，那样活着就像在还债。

◆ 人的情绪犹如机械波，有波峰，也有波谷；

无论何种境遇，保持平和心境为好。

◆ 雨与雨诉说忧伤，那一定是泪流成河；星与星评论快乐，就到处星光灿烂。

◆ 只要心不躁，再大的噪音也是美妙的。

◆ 随时提醒自己，不要把能量消耗在抱怨和愤世嫉俗上，如此，你才会有新的力量。

◆ 庸者从不大起大落，他们总是在底部运行；忍者从不大喜大悲，他们总是在理性地生活。

◆ 庸人和市侩总是找生活中最方便最轻易的路来走，而不问这条路将引导他到哪里去。

◆ 男人的脸是他的自传，女人的脸是她的小说。

◆ 据说，衡量生活质量有两个标准，一是和家人相处的时间，另一个是和自然相处的时间。

◆ 有三样东西是不能挥霍的，那就是身体、金钱和爱，否则，就会得不偿失。

◆ 拥有健康不一定拥有财富，但失去健康，一定会失去财富。

◆ 如果把很多看似平凡的事物看作来之不易，我们便会更加珍惜。

◆ 家，就是人们在年轻时千方百计要离开，而年老时不顾一切要回去的那间老房子。

◆ 很多时候，不是我们去看父母的背影，而是承受他们追逐的目光，承受他们不舍的、不放心的满眼的目送。最后才渐渐明白，这个世界上，再也没有人，可以像父母一样，爱我们如生命。

◆ 居家四败：妻女奢淫者败，子弟骄怠者败，兄弟不和者败，侮师慢客者败。

◆ 当我们牙牙学语，屁颠屁颠地走路时，我们向着阳光，或许并不是那么耀眼，背后却早已有人泪流满面了。

◆ 父母把生命赐给我，把青春和心灵献给我，恩情比山高，比海深，一生一世舍不掉，感恩父母，天经地义。

◆ 忘恩负义能使人的良心霉烂变质，像光洁的石头上长出肮脏的苔藓。

◆ 不放牛奶的茶是黑的，不透明的毡包是黑的，昧良心的肚肠是黑的。

◆ 带着舞台的脸谱到生活中亮相，必然惹人发笑。

◆ 安妮宝贝在《素年锦时》里说：“人的生活一

旦被展览，就会失真且变味，周围演戏的人够多了。”换句话说，假如人的心能亮相，决不是人们平时看到的或冠冕堂皇或笑容可掬的正人君子形象。——有些人可以说是生活舞台上的表演大师。

◆ 最高境界的表演，是将自己的脸变成面具。

◆ 可不可以说生活是一部荒诞剧？在不同的场次里“变色龙”换着不同角色。

◆ 只有卸了妆，才能看清演员的真面目。

◆ 对某些人来说，生活真是一出悲剧——还不会说话、走路就被推上了舞台，表演尚未尽兴又被赶了下来。

◆ 深思之后方惊醒，能够感叹比麻木好。

理想篇

理想是指路明灯。没有理想，就没有坚定的方向，而没有方向，就没有生活。

——［俄国］列夫·托尔斯泰

理想是事业之母。

——叶圣陶

现实是此岸，理想是彼岸，中间隔着湍急的河流，行动则是架在河上的桥梁。

——［俄国］克雷洛夫

◆ 理想是一团火，能抚平老人的皱纹，能燃沸青春的热血，能映红幼童的心房。

◆ 理想是人生征途中的一颗明珠，既能在阳光下熠熠发亮，也能在黑夜里闪闪发光。

◆ 理想，不是空中飞行漂浮的气球，风靡一时的昙花，茶余饭后的阔论，心血来潮的兴致；理想，应是力量的源泉，智慧的摇篮，冲锋的战旗，斩棘的利剑。

◆ 最美丽的帆船，只有张满了风，才能破浪航行在大海上。

◆ 理想，如同大海中晶莹的珍珠，是多么瑰丽迷人，但它只属于不怕风吹浪打，敢于扬帆前进的人；

理想，好似深山里璀璨的宝石，是多么灿烂夺目，但它只归于不惧山高路远、勇于攀登的人。

不愿付出艰苦劳动，贪图安逸享受的人，理想对于他顶多不过是一座貌似峥嵘的海市蜃楼。

◆ 理想不是虚无缥缈的海市蜃楼，它深深扎根于现实的肥田沃土之中，沐浴着阳光雨露，一定会枝繁叶茂，长成参天大树。

◆ 壶里的水，在冰天雪地里仍然沸腾，因壶下有不灭的火焰。

◆ 小鸟虽小，可它盯住的却是无际的天空。

◆ 青年是块沃土，应当播种知识和信心，让理想之花在春雨里绽放，让丰硕之果在金秋里收获。

◆ 如果把青春比作太阳，那么，我们的理想就是太阳的光芒；如果把理想比作舟船，那么，我们前进的动力就是舟船的双桨。

◆ 人生好比一次夜行，理想就是前进的火把。

◆ 人不怕走在黑暗里，就怕心里没有阳光。

◆ 崇高的理想是一个人心上的太阳，它能照亮生活中的每一步路。

◆ 青年，应该有崇高的理想，而崇高的理想是长在高山悬崖上的鲜花；你想采摘它，那就得备有攀登绝壁的绳索。

◆ 怀着崇高理想的生活乐趣，永远不会因任何渺小的痛苦而暗淡失色。

◆ 理想是妩媚的爱神，只要你衷心地恋她，赤诚地爱她，她就会钟情你；但你若失去抱负和意志，她就会悄悄地离开你。

◆ 世界上有一种鸟是关不住的，因为它们的每一片羽毛都沾满太阳的光辉。

◆ 启明星笑在最后，它才是同黑暗搏斗的胜利者。

◆ 理想，是号角，是战旗，是灯塔；它时时激励着你，时时鼓舞着你，时时照亮着你。

◆ 埋进泥土的，并不都是杂物，也有那裹着硬壳的急切发芽的种子。

◆ 生命的无奈不在于贫穷，不在于卑微，而在于失去奋斗的方向。

◆ 无论绿色怎么嫉妒，蜜蜂仍然一如既往地朝花朵飞去。

◆ 山溪的理想是大海，臭水的理想是池塘。

◆ 小溪从山岩的禁锢中冲出，闯出一条奔向光明的路，尽管扭曲了自己的身躯，却迎来了草绿、花红、果熟的境界。

◆ 高尚的理想，不因默默无闻而失去价值，自私的追求，不因大叫大嚷而伟大起来。

◆ 你所追求的完整与圆满，其实就在你自己身上。如果你自己的船浮不起来，没有人愿意陪你远渡重洋。

◆ 理想是美好的，但要实现它必须抓住今天，用辛勤的汗水去浇灌，否则，就会变成空想。

◆ 一万个零抵不上一个一，一万个空想抵不上一次实干。如果把零放在一的后面，把理想和埋头苦干结合起来，就会创造美好的前程。

◆ 理想是美好的，但没有意志和毅力，理想不过是瞬间即逝的彩虹。

◆ 空想犹如一只纸花，经不住风吹雨打；理想是一棵扎根沃土的松苗，定能长成参天大树。

◆ 毅力，不生长在神经质的狂热中，它孕育在切实的理想里。

◆ 理想并不是要向人民索取什么，而是要向人民贡献什么。

◆ 怨叹昨天的不幸，并不能使今天变得充实；沉缅于今天的轻松，明天将会感到无比的空虚。

◆ 灰心生失望，失望生动摇，动摇生失败。

◆ 没有理想的青春，就像没有太阳的早晨。

◆ 理想失去了，青春之花也便凋零了，因为理想是青春的光和热。

◆ 当一个人不知道要去哪个港口的时候，那么任何风都不是顺风。

◆ 理想，在弱者额头织网，在强者心头发光。

◆ 没有崇高理想的人就如同一潭死水，永远荡不起壮阔的波澜。

◆ 没有远大的理想，就好像一只没有翅膀的飞鸟，一台没有马达的机器，一个没有钨丝的灯泡。

◆ 母鸡的理想，不过是一把米。因此，它永远不会理解雄鹰为什么要振翅高翔。

◆ 那些只有幻想而没有理想的人，犹如脱缰的野马狂乱奔驰。

◆ 蝴蝶，迷恋于群芳花丛，并不是像蜜蜂那样为了酿蜜。

◆ 没有理想，对一切都冷淡的人，虽然还在呼吸，但它的生命之火已经熄灭了。

◆ 一个失去理想的青年，就像失掉彩屏的凤凰，没有生命的花，没有生命的蕊。

◆ 月亮为什么显得那样苍白？是因为它的心中缺少一团烈火。

◆ 人们常抱怨没有时间，却没想到真正的问题是没方向。

◆ 想象中的鲜花，是永远不会散发出扑鼻的芳香的。

◆ 奋斗的琴弦，若不紧扣在崇高理想的音符上，就奏不出时代的强音。

◆ 盆景没有了理想与追求，活着也仅是一种摆设。

◆ 一个一味地沉溺于往事的人，是不能张开双臂拥抱今天、憧憬明天的。

◆ 总盯着了不起的过去，你就不会有了不起的未来。

◆ 春意盎然，万物发芽生长，但是滚在阴暗角落里的烂木头，却永远没有春天。

◆ 追求，就要付出代价；成功，就要承受痛苦。

◆ 人的生命之舟要在知识的海洋中航行，就不能幻想一帆风顺；只有树立远大的目标、坚定的信念，生命之舟才能驶向胜利的彼岸。

◆ 把目标盯在远大的抱负上，会使你产生奋进的力量；把目标盯在眼前的得失上，会使你丢掉珍贵的时光。

◆ 目光有多远，生活的路就有多宽。

◆ 没有目标的生活，像一叶随风漂泊的小舟，很容易触礁搁浅。

◆ 有了一个伟大的目标，就不会把劳动当成苦差。

◆ 没有目标的生活，就像没有舵的航船。

◆ 确定好目标，一直往前走，偶然驻足回首，就会发现自己已经立在一个高度了。

◆ 无论时代的风是干燥的，还是潮湿的；是寒冷的，还是温暖的；是疾速的，还是轻和的：我们都应该扬起生命的风帆，朝着既定的目标前进。

◆ 对什么都不满足的人，不会有宽阔的胸怀；对什么都满足的人，不会有远大的志向。

◆ 志气是射向目标的一束激光。

◆ 希望是人类心中的一颗启明星。

◆ 不要把希望寄托在飘忽不定的“也许”上。

◆ 希望是生命的源泉，失去它，生命就会枯萎。

◆ 神奇的春雨播下了希望，生命之歌就展开了翅膀。

◆ 悲观者说，希望是地平线，就算看得见，也永远走不到；乐观者说，希望是启明星，即使摘不到，也能告诉人们曙光就在前头。

◆ 有追求，就会有痛苦；然而痛苦并不是没有价值的，有时候，希望的蕾就诞生在痛苦的枝叶间。

◆ 心中熄灭了希望的烈火，只留下焦黑的寂寞。

◆ 绝望像凶狠的恶魔，阻拦人们的锦绣前程。

◆ 月亮，在对太阳的追求中塑造了自己的光洁。

◆ 人的追求就好比射线，它有始无终。

◆ 春笋——将坚定的信念写进云天。

◆ 信念是生命的雨露，而行动是生命的阳光。

◆ 信念是一笔生活财富，即使身遇惊涛骇浪，你的心灵都是充实的。

◆ 信念是鸟儿，黎明前还是黝黑时，就触着曙光讴歌了。

◆ 崇高的理想，只有抱着坚定的信念去实现，才会开放出鲜艳的花朵，结出丰硕的果实。

◆ 车把虽然左转右弯，灵活自如，信念却只有一个：前进！

◆ 理想是彩虹，生活的风有时会把它吹散，但信念会凝聚飘散的云，给生活带来新生的雨露。

◆ 信鸽因为有自己笃定的信念和坚强的翅膀，所以它能高翔远飞。

◆ 心中信仰的琴弦断了，生命便弹不出一个响亮的音符。

◆ 信仰和热情是联在一起的，有了虔诚的信仰，就有如火之热情。

◆ 理想的实现要比理想的产生难得多。

◆ 理想是天边的闪电，计划是空中的鸣雷，行动才是催育庄稼抽穗结子的雨水。

◆ 语言永远不能代替行动，行动永远是最响亮的语言。

◆ 现实是理想的土壤，理想在现实中开花，现实在理想中结果。

◆ 每天叫你起床的不是报时钟，而是理想。

◆ 理想的翅膀只能在勤奋和劳动中飞翔。

◆ 空虚的源头——想入非非，稳健的支柱——脚踏实地。

◆ 只要有理想，并付诸行动，人就不会那么焦虑和寂寞。

◆ 流过血和汗的土地是肥沃的，能长出最好的庄稼，这不仅因为我们为它付出了劳动，还由于它底下埋着先辈的理想。

◆ 树理想发感慨而不付诸行动，那只是口中吹出的五颜六色的肥皂泡而已。

◆ 理想是美好的，它是一束长在峭壁上的鲜花，要采到它，必须开拓，攀登那险峻的路径。

◆ 理想离开实干就是空想。只有实干流出的辛勤汗水，才能浇灌出理想的绚丽之花。

◆ 有理想自己就该努力，唯有懦夫与懒汉才寄厚望于他人。

◆ 理想对于懒汉来说，好比插在石板上的种子，永远也不会开花结果。

◆ 风帆不挂满桅杆，是一块无用的布；
理想不付诸行动，是虚无缥缈的雾。

◆ 每个人都是自己前途的建筑者。

◆ 理想应是血钻石，由无尽鲜血和眼泪提炼出来。

◆ 望远镜能使你看到远方的目标，但它不能缩短你要走的路程。

◆ 理想是现实的盛装，但并不等于现实。

◆ 树的未来在于向上，而它的第一步努力却是向下深深扎根。

◆ 理想的金钟，只能用行动的槌敲响。

◆ 实干是孕育理想之花的雨露。

◆ 理想和抱负会给岁月抹色添彩，庸碌和空虚却羞得年华也暗淡无光。

◆ 想象中的生活，总是比现实简单得多，脚踏现实，是实现想象生活的第一步。

◆ 要想灯泡放出明亮的光辉，除了要有充足的电源，还要有正确的线路，一些善于做梦的人，应从这里得到启发。

◆ 把梦境编织得特别精美的人，醒来以后就会感到格外惆怅。

◆ 清醒的人并不是没有梦境，而是能分清现实与梦境。

◆ 梦想是一锅凉水，如果想让它沸腾，那你就必须加足够的柴火。

◆ 梦想的翅膀如果恰到好处，便引领你勇往直前；翅膀过于沉重，就会变成包袱。

◆ 人最可怜的是，我们总梦想天边那座奇妙的玫瑰园，而不去欣赏今天就开在我们窗口的玫瑰花。

◆ 枕头要长晒，因为里面堆满了发霉的梦想。

◆ 每天醒来，都有两个选择，继续做梦或起身追逐梦想。

◆ 预言丰收是轻松的，它可以用彩笔描绘；庆祝丰收是欢乐的，它可以用响鼓紧擂；而创造丰收是辛苦的，它需要像小河一样流淌汗水。

◆ 翘首盼来的春天属于大自然，用手织出的春天才属于自己。

◆ 干劲，像一根奇特的焊条，它能帮助你把理想和现实紧紧地焊在一起。

◆ 谁都向往黄金般的日子，但它来得迟；只有不怕付出，它才会向你走来。

◆ 不管怎样倾诉爱慕之情，你不行动，更怕付出，理想总不会向追求者迎面走来。

◆ 决心，测量着人们对理想的忠诚；
勇敢，检验着人们对事业的忠贞。

励志篇

勇敢和必胜的信念，常使战斗得以胜利结束。

——［德国］恩格斯

自信人生二百年，
会当击水三千里。

——毛泽东

面对困难，我能挺直身子，倔强地抬起头来往前看。我具有从荒野中踏出一条道路来的勇气。

——彭加木

◆ 困难，对勇士来说，只不过是在通往光明途程中的若干插曲，它伴随在丰功伟业之中。

◆ 冬天里有温暖的阳光，春天里也能出现一场风景。困难中的胜利，像冬天的阳光；胜利中的困难，是春天的风景。

◆ 天风和海水激战的时候，只有勇敢镇定的水手抵达彼岸。

◆ 闪电敢于撕破黑暗，是因为它不怕被黑暗吞没。

◆ 大石拦路，弱者视为前进的障碍，勇者视为前进的阶梯。

◆ 困难是成功派来的威严而耿直的使者。

◆ 大自然给予人们困难时，也给人们增添一份智力。

◆ 困难是懦夫的主人，是强者的奴仆。

◆ 怕火花的，绝不是好铁匠；怕困难的，绝不是好战士。

◆ 再锋利的钻头，在软体上钻不出火花，只有在攻坚时，才会迸出闪光的火花。

◆ 钢与顽石相碰，会迸发出绚丽的火花；勇士的意志与前进道路上的困难相碰，会迸发出斗争的火花。

◆ 沟潭之水，凝滞沉闷；飞瀑之流，奋激高亢。——同是为水，性却异；前者满足安逸，后者进取不已。

◆ 没有经过一场风雨，天空怎么也不能出现彩虹。

◆ 只有勇于同浪涛搏斗的航船，才能乘风破浪，勇敢地前进；只有敢于藐视困难的勇士，才能履险如夷，一往无前。

◆ 是骏马，就要在崇山峻岭中奔驰；是雄鹰，就要在狂风暴雨中翱翔。

◆ 不管多么陡峻的高山，总为不畏艰险的人留下一条攀登的路径。

◆ 遇上困难的关头，请不要忘记掏出这张通行证——勇敢。

◆ 困难，对于强者来说，是塑造庄严形象和英雄气魄的雕刀；对于弱者，往往会泯灭其意志，甚至导致沉沦。

◆ 困难和挫折，那不过是成功这个句号之前的一个顿号、逗号和分号。

◆ 如果失去了顽强的意志，困难就会给你戴上枷锁。

◆ 主观世界的自卑，会把客观世界的困难扩大一万倍。

◆ 天公把一种魅力隐藏在艰难困苦中，只有敢于尽力从事艰难困苦的人，才会意识到这种魅力。

◆ 瀑布的歌，比所有的溪流都响，是由于它敢于冲击挡路的岩石。

◆ 老天在送给你一个大礼物时，都会用重重的困难做包装。

◆ 困难，是人生的一面筛子，它挑出了强者，甩下了弱者。

◆ 魔鬼不像所画的可怕，困难挫折不像想象的艰难。

◆ 对有些人来说，困难是放弃的借口，而对另一部分人来说，困难是成长壮大的机遇。

◆ 莫道难关难，别说浅滩浅；藐视千里远变近，重视一寸近当远。

◆ 如果你深陷困境，不要担心，一切都会变的；如果你顺风顺水，也不用得意，一切也都会变的。

◆ 在生活上没有遇到困难的人，将不可能成为真正的人。

◆ 弓既然举起，就要射出有力的一箭；船已经开出，就要敢于迎接狂涛巨澜，勇往直前。

◆ 你找困难，会长你的志气；困难找你，会灭你的威风。

◆ 天大的困难不可怕，怕的是，人没志气刀没钢。

◆ 高峻巍峨的峰峦上，是搏击长空的雄鹰歇脚的地方；飞流急泻的江流中，是劈波斩浪的水手大显身手的战场。

◆ 想要摘玫瑰，就得不怕刺。

◆ 害怕摔跤的人，永远不会在溜冰场上翩翩起舞；害怕困难的人，永远不会在前进道路上获得才干。

◆ 电流通过的阻力越大，越能发出大量的热能；工作中碰到的疑难越多，越能增长克服困难的才智。

◆ 困难是面镜子，高悬在科学的险峰口，它不但照出勇士不倦思索、大胆探索、奋勇攀登的英姿，而且也现出懦夫望而生畏、垂头丧气、掉头退却的身影。

◆ 瀑布之所以能在人们面前展现出壮美的图景，发出惊人的巨响，是因为它胜利地跨越了艰难险阻。

◆ 不能因为第一次飞翔遇到了乌云风暴，从此就怀疑有蓝天彩霞。

◆ 碰到了钉子，就把手缩回来，那么，你感到碰钉子的时候，就会愈来愈多。

◆ 美丽的浪花，在海浪与礁石的猛烈冲击中开放；人的生存价值，在与困难的斗争中显现。

◆ 放过一次克服困难的战斗，就等于放过了增长才干的机会。

◆ 奋斗的旗帜，在困苦中升了起来，在享受中降了下来。

◆ 不要因害怕看到阴影而把心灵的灯吹灭了。

◆ 活鱼会逆流而上，死鱼才会随波逐流。

◆ 浮萍只能点缀平静的湖光水色，在怒涛澎湃的激流里却瞧不见踪影；只有那中流砥柱，才能伫立在狂涛骇浪之中，迎着巨浪的冲击，岿然不动。

◆ 不学正电荷在电场中顺电势由高而低，要学负电荷逆电势由低而高。

◆ 柔软的沙发，容易使人昏昏欲睡；崎岖的山路，能使人精神焕发。

◆ 思想意识的锻炼，极像一条急湍的河流。对于力争上游的人，可逆流而上；安于中游的人，必然随波逐流；而甘居下游的人，只好一泻千里了。

◆ 最大的障碍源于自身，有勇气战胜它，才是真本领。

◆ 伟人所达到并保持着的高处，并不是一飞就到的，而是他们在同伴们都睡着的时候，一步步艰辛地向上攀登的。

◆ 风，尽管狂啸，巨石决不会望风而逃；困难接踵而来，勇士决不会望而生畏。

◆ 路，是开辟者脚步的无限延伸。

◆ 在久经考验的船夫听来，惊涛骇浪正是通向胜利的前奏曲。

◆ 谁在惊涛骇浪面前降下帆，谁就可能中途沉沦。

◆ 想在征途上顺水行舟、一帆风顺的人，他的终点在下游；只有敢于逆水行舟、顶风破浪的勇士，他才能争得上游。

◆ 观潮，虽然没有巨浪灭顶的危险和水花浸湿的痛苦，但永远享受不到冲浪时战胜浪涛的欢乐。

◆ 能通过惊涛骇浪，远渡重洋而到达彼岸的，必然是坚毅顽强的水手，而不是吟风弄月的游客。

◆ 站在山麓仰望山峰的人，总感到山峰巍峨高大；敢于攀登高山的人，山峰再高却在他脚下。

◆ 我们爱咆哮的黄河、奔腾的长江，因为它们总是蔑视一切暗礁、峡谷，勇敢地闯过去，不息地流向东方。

◆ 航海者虽然要比观望者冒险，但是却有希望到达彼岸。

◆ 河水的回旋，那是又有了新的冲击。

◆ 弄潮儿被浪涛淹没是英雄的壮举；赏景者在小河里翻船是人生的悲剧。

◆ 站在岸上对着弄潮儿指手画脚的人，其中有几个是能下海的呢？

◆ 山一样大的难事，在英雄面前，不过是一块石头；针一般大的事，在懦夫面前却比梁还粗。

◆ 徜徉沙滩只会松弛双腿，攀登山路才能坚实脚步。

◆ 前途，好像一颗闪光的金子，你磨炼它，它永远是光明的，你埋没它，它就失去了光泽。

◆ 梅花吐着清香，是经历了冰霜的洗礼；麦苗结出了沉甸甸的籽粒，是熬过了风雪的吹打。

◆ 霜风越是猛烈地侵袭，蜡梅就越发开得鲜红艳丽；在黑暗的重围下，真正的珍珠依旧闪烁着晶莹的光辉。

◆ 没有霜雪，显不出红梅的耐寒性格；没有困难，显不出勇者的雄心壮志。

◆ 如果没有战胜怯懦的勇敢，就不会听到胜利的宣言；如果没有战胜犹疑不决的毅力，就不会延伸前进的航线。

◆ 奋斗本身是痛苦的，然而正是这样的痛苦孕育了欢乐。

◆ 人人心中有盏灯，强者经风不息，弱者遇风即灭。

◆ 百尺青松有时也会掉下一些干枯的枝叶，但是它傲霜斗雪的品格却是永恒不变的。

◆ 置之死地而后生。人的勇气往往是在断绝后路的情况下产生的。

◆ 勇士沿着山峰，可以爬上云端；胆小鬼沿着宽阔的梯子，也爬不上帐篷顶。

◆ 再高大的山，只是勇士眼前的一道门槛；一块碎石，也可能绊倒一群懦夫。

◆ 雪亮的刺刀，伴随在高挺的胸膛的旁边；勇敢的旗手，迈步在钢铁的队伍前列。

◆ 一个胆小得什么都不敢做的人，满腹经纶对他一点也没有用处。

◆ 崎岖的石径磨不破勇敢攀登者脚底的老茧。

◆ 雄鹰之所以值得赞扬，是因为它勇敢地冲向暴风雨，临危不惧；真金之所以不怕烈火，是因为它经过千锤百炼。

◆ 懦夫在他断气之前已经死过好多次了。

◆ 勇士喜欢铿锵激昂的旋律，懦夫却沉醉于忧伤低沉的音符。

◆ 懦夫虽有双脚，却畏惧低矮的山梁；勇士虽无翅膀，也敢凌空翱翔。

◆ 坚强不屈是英雄的品质，贪生怕死是懦夫的本性。

◆ 在明枪暗箭的攒射下，在流言蜚语的浊流中，依旧潇洒地活着，那才叫勇敢。

◆ 坚强的意志，不屈不挠的精神，是勇士最亲密的战友。

◆ 真正的勇气不是压倒一切，而是不被一切压倒。

◆ 华丽的言词，遮盖着怯懦的灵魂；质朴的品行，赞美着勇敢的生命。

◆ 有勇敢而没机智，就像一支没有准星的枪。

◆ 挫折是一笔财富，苦难是一杯美酒。

◆ 挫折，是通向成功的门槛，又是成功的铺路石。

◆ 所谓门槛，过去了就是门，没过去就是槛。

◆ 挫折，其实就是通向成功应缴的学费。

◆ 在每个创伤、挫折上面都标志着下一步前进的方向。

◆ 挫折是拦住弱者的大山，是冶炼强者的熔炉。

◆ 蒲公英，大风企图摧毁你的生命，你却因之而繁衍后代。

◆ 含泪播种的人，经得住风霜的考验，定能含笑收获。

◆ 能够把自己从痛苦的深渊中开导出来的智慧，才是最宝贵的智慧。

◆ 只有经历过地狱般的折磨，才有征服天堂的力量；只有流过血的手指，才能弹出人世间的绝唱。

◆ 挫折这座大熔炉，同时产生钢材和废渣。

◆ 挫折是通向成功之巅的阶梯，勇士踩在它的肩上，懦夫匍匐在它的脚下。

◆ 厄运所产生的德行是坚韧。

◆ 从黑暗出发的人，迎接他的一定是黎明。

◆ 压路机，经历的是坎坷，创造的是平坦。

◆ 春笋，一个个绿色的钻头，把冬钻透了，冒出一汩汩春色。

◆ 幼芽尽管受着风雪的欺凌，但它仍是希望。

◆ 如若那绿色的生命能够顶破坚硬的冻土，我们心里急切呼唤的春天啊，就会乘着春色的风儿来到。

◆ 雄鹰翱翔太空，用矫健的翅膀拍击云朵，麻雀却只能在屋檐下叫喳喳自鸣其乐。

◆ 杉树之所以杆粗叶茂、四季常青，不是它得天独厚，大自然对它特别照顾，而是因为它有坚毅的性格，经得住狂风暴雨的吹打，顶得住严寒酷热的袭击。

◆ 磨刀石，宝刀与你摩擦闪闪发亮，你能使它锋利坚强。

◆ 钻石，人们往往羡慕你灿烂多彩，可有谁知道你这块儿“纯碳”曾在地壳深处经受了千年高温高压的考验！

◆ 矿石，你深知自己虽是“百宝之母”，但如果不千锤百炼，也只能是一堆废物。

◆ 大海中的礁石，坚毅、顽强，既能经得起小风小浪，也能经得起惊涛骇浪，它从不叫苦，从来不称委屈，从来不显露雄姿，始终迎着风浪坚守在自己的阵地上。

◆ 心不要似天空中的云飘来浮去，要像江中的岩石经得住冲击。

◆ 原先同巨岩站在海边的，还有许多沙石，只因后者脆弱，经不起风浪的考验，被冲走了，变成了大海的沉渣。

◆ 高山上多棱的岩石，没有冰那样晶莹、圆滑，却能任凭风吹浪打，烈日暴晒，愈是这样，它愈显得光润斑斓，雄奇多姿。

◆ 黄金经过熔炼变成首饰，铜块经过烧铸，拉成导电的铜线；生命中经历过的挫折和痛苦越多，其价值会变得越大。

◆ 钻石经过仔细打磨，才会有耀眼的光彩。

◆ 冶炼的熔炉，炼出了优质的钢，排出了无用的渣。

◆ 自信是攀登成功那峰巅的第一行脚印。

◆ 征服畏惧，建立自信的最快最有效的方法，就是做你害怕的事，直到你获得成功的经验。

◆ 自卑，像根受了潮的火柴，怎么擦，也是只冒烟而不燃烧。

◆ 花盆里长不出苍松，鸟笼里飞不出雄鹰。

◆ 残酷的环境可毁灭人，也能造就人。

◆ 越是高温越识别真金，越是寒冷越见松柏长青。

◆ 别以为暴风雨全是坏事，暴风雨过后常常有一个更为晴朗的天宇。

◆ 终年被水冲击的卵石，坚硬纯洁；终年埋在土里的白银也会生锈。

◆ 冰，环境愈严酷它愈坚强，而当温暖来临时它却失去了生命。

◆ 被人埋没是暂时的，它永远埋没不了强者；自我埋没是长久的，专把弱者深埋于平庸的泥潭之中。

◆ 世上没有绝望的处境，有的只是对处境绝望的人。

◆ 坚定挺立在逆境中，往往如焰火不灭，而在没有节制的欢乐中渐渐燃尽了。

◆ 与其用泪水悔恨今天，不如用汗水拼搏今天。

◆ 逆境是苍天帮你淘汰竞争者的地方。

◆ 逆境，犹如试金石。是金子，会于此闪耀光辉；是沙子，将于此日渐沉落。

◆ 一种没有竞争对手的生物，一定是死气沉沉的生物。同样，一个人、一个团体、一个组织如果没有竞争对手，也一定会怠惰和沉落。

◆ 困厄逆境的砥砺和生活强者的驾驭，恰如正电和负电，一经碰撞，驾驭者就能观赏到自己胜利的火花。

◆ 走出逆境之后得意忘形，便可能陷入另一逆境；消除逆境后缩手缩脚，便等于没有走出逆境。

◆ 坚强的人意志如磐石，在任何时候都始终如一；意志薄弱者像天平一样灵巧，稍微加点重就高低不平。

◆ 意志对于战士来说，是刀刃上的钢，是硬弓上的弦，是子弹里的火药。

◆ 水虽柔弱，却有穿透石头的坚强意志。

◆ 风谷机一丝不苟地把轻浮空虚的谷物壳抛得老远老远，让饱满结实的谷粒留下来。

艰苦的斗争也像风谷机一样，容不得意志脆弱的人。

◆ 耐心和坚持胜过激烈的狂热。

◆ 戴上墨镜，世界在你眼前就立即失去了光彩。个人的不幸往往是脆弱者观察生活的墨镜。

◆ 在柔软的沙滩上漫步，似乎是挺舒服的；但如果跑起步来，速度要比在硬地上慢得多。

◆ 闲适吞噬了人的意志，勤奋却唤醒了人的活力。

◆ 勤奋如炭火，愈燃愈旺。

◆ 生铁，是意志薄弱者的写照。

◆ 志气是运载能力的火箭，雄心是成功的发射台。

◆ 安逸的暖流，能腐蚀意志的长堤；勤奋的飞瀑，能冲开智慧的闸门。

◆ 在事业的峰峦上，有汗水的溪流飞淌；在智慧的珍珠里，有勤奋者的心血闪光。

◆ 水滴说：“我在勤劳人的身上是汗珠，在怯懦者身上是眼泪，在懒汉的身上是垂涎。”

◆ 累累硕果是勤劳送给一些人的礼物，空空两手是懒惰送给另一些人的礼物。

◆ 勤劳的人从肥料里看到累累硕果，懒惰的人只闻到肥料里散发出来的臭气。

◆ 惰性，是一个不易觉察的可怕的阴影，而它往往就在顺境中产生。

◆ 今天的根，埋在明天勤劳的泥土中；明天的果，结在今天奋进的枝头上。

◆ 对于生命的利剑，勤劳，是一只砂轮。打磨固然消耗着剑本身，馈赠给它的，却是终生闪闪的光彩和披荆斩棘的锐利。

◆ 汗水，像一个标点，延伸着奋斗者的诗篇。

◆ 任重道远的骆驼，能以矫健的步伐冲过重重的风沙；胆小的蚂蚁，因路上一道小小障碍而停止前进。

◆ 晨星与黑夜的战斗，是为了迎接太阳，它的生命因战斗而闪光；它生命的闪光，又融化在太阳的光芒里。

◆ 事业的成功是给有韧性的人准备的。

修身篇

世界最宽阔的东西是海洋，比海洋更宽阔的是天空，比天空更宽阔的是人的心灵。

——［法国］雨果

“羞恶之心，人皆有之”，人不害羞，事情就难办了。

——毛泽东

假如你一心向往美德，以品德高尚为荣，你就不必羡慕天生的贵人。血统是从上代传袭的，美德是自己培养的，美德有本身的价值，血统只是借光。

——［西班牙］塞万提斯

◆“海纳百川，有容乃大”，是说一个人要像大海的胸量那样，能够容纳不同观点和见解；做到这地步，是为人处世的最高境界。

◆你赞美大海，你就得有大海的胸襟。

◆善本身极为柔弱，但却不可征服。

◆芝兰生于幽林，不以无人而不芳；君子修道立德，不为穷困而改德。

◆宝石即使在垃圾堆里仍然晶莹夺目。

◆欲做精金美玉的人品，定从烈火中冶炼；思立掀天揭地之事功，须在薄冰中履过。

◆地上种菜，不易生草；心中种善，不易生恶。

◆君子量大，团结不勾结；小人气大，勾结不团结。

◆不知羞耻的人，绝不会有什么美德。

◆不自重的人，不会被人尊重。

◆做人要像太阳一样堂正，做事要像蜜蜂一样勤恳。

◆正如恶劣的品质可以在幸运中暴露一样，美好的品质也是在厄运中显示的。

◆ 善良是灵魂燃烧过的舍利——如火熄而炭犹暖，花谢而风仍香。

◆ 美德有如名香，经燃烧或压抑而其香愈烈。

◆ 文雅就是善良地做事，和善地说话。

◆ 几何以直线为最近，修身以正直为最好。

◆ 蜡烛的光亮虽然是微不足道的，但是它从上到下光明磊落。

◆ 修养，就是把你不平静时的思想感情掩盖到非常自然的地步。

◆ 良言一句三冬暖，恶语一句六月寒。

◆ 善良的话语可以很短，很简单，但却可以产生永不磨灭的回声。

◆ 做好人，靠的是一颗善良的心；做老好人，靠的是一张善变的脸。

◆ 品格不是由你占有的东西而决定，而是由你匮乏的东西而塑造的。

◆ 纯洁的品行和健康的乐趣是同一境界。

◆ 在道德的天平上的砝码，应是诚实、勤劳和纯洁的心灵，而不是虚伪、贪婪和金钱。

◆ 人的心灵像一面镜子，扭曲的心灵照出的只会是一个歪曲的世界。

◆ 比失去健康更可怕的是失去朋友，比失去朋友更可怕的是失去灵魂。

◆ 世界上最难校正的，是畸形的心。

◆ 你不可以送给别人一座天堂，但你的善举可以让别人看见一座天堂。

◆ 没有爱的绿茵，文明的原野将是一片荒凉。

◆ 华而不实的姿态与表情不叫风度，风度是思想的外衣，它应该是一种心态，是你应该具备的宽广胸怀。

◆ 真正的男子汉应该是勇敢而不粗野、深沉而不拘泥、挚爱而不发狂、刚毅而不固执。

◆ 燧石的棱角少了，圆滑了，迸出的火花也就少了。

◆ 被误解时能微微一笑，是一种素养；受委屈时能坦然一笑，是一种大度；吃亏时能开心一笑，是一种豁达；无奈时能达观一笑，是一种境界；危难时能泰然一笑，是一种大气；被蔑视时能平静一笑，是一种自信。

◆ 蚯蚓虽然没有骨头，却能疏松厚硬的泥土；有的人虽然有骨头，但只能屈膝爬行。

◆ 贵就贵在能脱俗，贫就贫在少见识，贱就贱在没骨气。

◆ 有些动物主要是皮值钱，譬如狐狸；有些动物主要是肉值钱，譬如牛；有些动物主要是骨头值钱，譬如人。

◆ 冰展现了水的另一种品格：环境越差，骨头越硬。人的品格也应如此。

◆ 奴才意识是人性的自我糟蹋，是人格的沦亡。

◆ 真正的英雄不是没有卑下的情操，而是不被卑下的情操所征服。

◆ 处世如糖醋鲤鱼：耐人寻味，有酸有甜，但要仔细挑出鱼刺，一旦忘乎所以，如鲠在喉，后悔莫及。

◆ 一块坚硬无比的钢铁，如果不严加防护，就会被锈一层一层侵蚀，变成废屑。

◆ 漫天的大火，往往是由一点火星造成的；庞大复杂的机器故障，多是由一颗松动的螺丝钉引起的。

◆ 镜子不因为天天擦拭而减少它的明亮；人不因为常常检查自己的缺点而降低自己的威信。

◆ 一个鼠洞，若不及时堵塞，能使万里长城崩决；一个蛀孔，若不及时根治，能使千旬大树枯死。原谅自己一次错误，可能是姑息自己千百次错误的开始，成为埋葬自己的第一铲土。

◆ 生锈的螺丝钉，会损坏机器；发霉的思想，会损坏集体。要想堵住生活上的缺口，首先就要筑好思想上的堤防。

◆ 把房子的窗户紧闭，不通阳光，里面的东西容易发霉；把接受意见的窗户紧闭，拒绝真理的阳光，思想也必定会霉烂。

◆ 脱下衣服，裸露胸怀，才能洗净身上的汗渍、污垢；缺点错误和盘托出，才能涤荡政治思想上的灰尘。

◆ 浓烈的美酒，味道是香的，但它能加速贪杯者的沉醉；野地里的黄连，味道是苦的，但它能医治病患者的疼痛。

◆ 当邪恶讨厌你的时候，证明了你是正直的；一旦被邪恶青睐，便说明了你是邪恶的帮凶。

◆ 如果苍蝇老是在你身边飞来飞去，这说明了你身上有它感兴趣的污秽东西。

◆ 激流中一退千里的船往往是一篙没撑稳。容忍自己一次，就可以容忍自己一千次，一万次。

◆ 仰面唾天，唾沫一定落在自己的脸上；掩耳盗铃，不过是自欺欺人的勾当；犯了错误还想隐瞒，必然暴露出丑恶等行藏。

◆ 否认一次过失，等于重犯一次过失。

◆ 错误思想不要包，越包越糟糕；隐瞒“病症”，死亡会来暴露。

◆ 承认错误是坚强，吸取教训是聪明，改正错误是伟大。

◆ 嘲笑自己的错误让自己强大，嘲笑别人的错误让自己渺小。

◆ 犯错误后的眼泪有两种：一是为悔恨造成的损失而流；一是因悲叹身败名裂而流。前者包含着奋斗的决心，后者隐藏着再犯的种子。

◆ 有了错误并不可怕，可怕的是那些利用它筑起阶梯，去争名逐利的人。

◆ 水泥工人粉刷墙壁，不是直接给墙壁涂上石灰水，而是首先把墙上的污迹刮掉。我们如何对待自身缺点和错误应从中得到启发。

◆ 讳疾忌医的人，找不到良药治不好病；拒绝批评的人，找不到病根改不了错。

◆ 千万别讨厌批评，它是你忠实的门警，假如把它一脚踢开，你的一切将会被错误偷尽。

◆ 哪怕是最清澈的泉水，也只能洗去表皮上的肮脏；唯有劳动中洒下的汗珠，才能涤除脑海深处的污垢。

◆ 有人不喜欢蔷薇，那是因为蔷薇的刺使他无法作为自己的装饰。

◆ 对给你开刀的手术刀，别指责它是“屠刀”。

◆ 气球，热衷于别人的吹捧，却经不得一点儿尖锐批评。

◆ 如果没有成熟到接受批评，也就没有成熟到适于接受赞扬。

◆ 不要忘掉别人生气时说的话，因为往往那才是真相；不要记恨说这话的人，因为这是他用另一种方式让你看清楚自己。

◆ 和风吹开满园花瓣，狂风吹残整个花园；善意的批评让人改正缺点，恶意的棍棒让人头晕目眩。

◆ 别只埋怨别人对你“撒谎”，你有没有接受真相的度量?

◆ 这个世界还有肮脏的地方，但不应成为让自己肮脏的理由；这个世界还有丑恶的人，但不应成为自己丑恶的借口。

◆ 在落后变先进的反应式里，同志的帮助只是催化剂，主观努力才是原动力。

◆ 宽容是给他人的最好礼物，如果把它留给自己，便是堕落的开始。

◆ 宽容是在荆棘丛中长出来的谷粒。

◆ 宽容别人，其实就是宽容我们自己；多一点对别人的宽容，我们生命中就多了一点空间。

◆ 紫罗兰把它的香气留在那踩扁了它的脚踝上，这就是宽恕。

◆ 宽容让别人愉悦，自己也快乐；刻薄者让别人痛苦，自己也难受。

◆ 当你饶恕一个人时，最先释放的是你自己；你不饶恕别人，首先被囚的也是你自己。

◆ 宽恕是无上的荣耀，忘记别人的错，便是帮助自己脱离痛苦。

◆ 如果别人朝你扔石头，就不要扔回去了，留着做你建高楼的基石。

◆ 山溪的纯净，决不是它不含沙土、碎石、残枝、败叶，而是它的通达、理性、无私和宽容。

◆ 无奈与迫不得已不能算宽容，宽容的最高境界是对众生的怜悯和谦让。

◆ 与人友善相处：缩小自己，宽容别人；放低自己，提高别人。前者是平等待人，后者是一种风格。

◆ 谅解是美德，如果把它用来对待自己的错误，那就是缺德。

◆ 善待一个人，就像拨亮一盏灯，照亮一大片。

◆ 留一条路给人家走，就等于也留一条路给自己退。

◆ 给对方留有余地，就等于给自己留有生机和希望。

◆ 送人玫瑰，手留余香。

◆ 真正的关爱，在于恰到好处体会他人心中的痛，而不去触及它。

◆ 人世间最宝贵的是什么？雨果说得好，是善良。“善良是历史中稀有的珍珠，善良的人几乎优于伟大的人。”心怀善良的人，总是在播种阳光和雨露，医治人们心灵的创伤。同善良的人接触，智慧得到启迪，灵魂变得高尚，襟怀更加宽广。

◆ 原谅任何人同任何人都不原谅是一样的残忍。

◆ 道歉似是焊花，在断裂处绽放美丽。

◆ 忍耐是苦涩的，但它的果实是甜蜜的。

◆ 巨大的爆发是一种力量，巨大的忍耐更是一种力量。

◆ 忍耐是有底线的。一味忍让，意味着丧失原则；一味忍让，意味着没有人格；一味忍让，意味着软弱可欺；一味忍让，意味着面临步步进逼的危险；一味忍让，意味着将走入绝路。

◆ 忠实，但不愚蠢；忍让，但不软弱。

◆ 宽容与忍让的区别，前者是平静的大海，后者是待喷的火山。

◆ 不要把责任都推到别人身上，当你一个指头指着对方时，其实有三个指头正指向自己。

◆ 管住自己的嘴巴，不要谈论自己，更不要议论别人。谈论自己往往会变得自大虚伪，在名不副实中失去自己；议论别人，则会使自己在鸡毛蒜皮的是非口舌中纠缠不清。

◆ 如果心术不正，足智多谋并不是优点。

◆ 成见，一种阴暗的心理。它对人们的伤害，绝不亚于致命的恶性肿瘤。

◆ 记恨的最大坏处，是拿痛点来继续折磨自己，把人格弄得越来越扭曲。多数人不敢在明处复仇，于是都暗地攻击，不知不觉间，把自己变成一个活生生的小人。

◆ 心地狭窄的人，看世界，也是狭窄的，结果是树敌多，烦恼多，心痛多。

◆ 心态不好，说穿了，就是心太小了。心态的“态”字，拆解开了，就是心大一点。

◆ 喜欢在小事情上露锋芒的人，往往在大事情上被绊倒。

◆ 与小人斗，你怎么都是输，不如就让他去赢吧。

◆ 得罪了小人，可能会麻烦不断；得罪了君子，你可能原来就是小人。

◆ 嫉妒，一块盛产痛苦和不幸的土地。

◆ 嫉妒者的特征：别人的成果，成为自己的隐痛。

◆ 嫉妒是一把刀，最后不是插在别人身上，而是插在自己心里。

◆ 嫉妒和偏见，总爱找那些不学无术的人勾搭。

◆ 偏见有时比无知更可怕。

◆ 鸡不会嫉妒拥有整座粮仓的主人，却难以容忍另外一只鸡比它多啄一粒米。

◆ 共患难之所以容易，是因为人的同情心强烈；同富贵之所以困难，是因为人的嫉妒心强烈。

◆ 人饿了，想法吃饱就是；嫉妒的饥饿，任什么也填不饱。

◆ 私心过重，易产生嫉妒；嫉妒如果膨胀，必然产生仇恨。

◆ 保持自己的高大，最卑下的办法就是按倒别人。

◆ 如果猫头鹰因受到诽谤而沮丧，那正是田鼠所希望的。

◆ 踩着别人的肩膀显示自己高度的人，迟早会变成不折不扣的矮人。

◆ 把别人拉下来时，你一定也在下面。

◆ 拖人落水，自湿半身。

◆ 在群众的智慧中只知显露自己而抹杀别人，那么这种人将会变成“断根失皮的枯树”。

◆ 不要用自己的成就炫耀自己、贬低别人；不要用别人的成就贬低自己、砸蒙自己。

◆ 蒙住自己的眼睛，并不等于世界就漆黑一团；蒙住别人的眼睛，并不等于光明就属于自己。

◆ 制造和传播别人的“丑闻”，不仅仅是猎奇、丑化他人或寻求刺激，而更重要的是为了掩盖自己的丑行。

◆ 人兽虽有本质的区别，但没有严格的界限。具有理智的时候是人，失去理智的时候是兽。

◆ 人永远不要和猪摔跤，双方搞得一身泥，正是猪喜欢的结果。

◆ 没人理解仙人掌的悲哀：防备了别人，孤单了自己。

◆ 你是否愿意从心里给有成就的人以热烈的掌声？成人之美，不仅是一种修养，更是一种美德。

◆ 为别人鼓掌的人，也是在给自己的生命加油。

◆ 欣赏别人是一种境界，善待别人是一种胸怀，关心别人是一种品质，理解别人是一种涵养，帮助别人是一种风格，学习别人是一种智慧。

◆ 没有理智的冲动，常常造成长久的悔恨；而长久的悔恨，又常常会使人失去应有的冲动。

◆ 没有理智的情感，像断了翅膀的苍鹰；热情失去了理智，像太空飘荡的浮云。

◆ 冲动是感情的爆炸，它炸伤了友谊、爱情和事业。

◆ 膨胀的感情是一朵云，时常被吹得乱跑；理智是一棵树，被风卷走的只是枯叶。

◆ 冷静是智慧的源泉，急躁是无能的表现。

◆ 冷静，是左右感情的阀门，控制冲动的开关，工作顺利的安全港，事业成功的坚固堤岸。

◆ 沉默，有时并不是没有话可说，而是因为要说的话太多。

◆ 所有通往地狱的路，原先都是准备到天堂去的，只是因为修行的反差才导致相反的结果。

◆ 上天要成就谁，先磨炼谁；魔鬼想毁灭谁，先放纵谁。

◆ 人应如树：站着，是一道美丽的风景；倒了，是个优质的栋梁。

诚信篇

伟大人格的素质，重要的是一个诚字。

——鲁迅

一个人严守诺言，比守卫他的财产更重要。

——［法国］莫里哀

没有什么手段比说谎更下贱、更可怜、更卑鄙了。

——［美国］杰弗逊

◆ 诚信是立国之本、立业之本、立身之本、处世之本。

◆ 精诚所至，金石为开。

◆ 承诺，重如千金；君子一言，驷马难追。

◆ 诚信是一种力量的象征，它显示着一个人的尊严和安全感。

◆ 诚实比空话值钱，行动比语言有力。

◆ 诚实人的诺言，就是保证书。

◆ 诚实守信是一面明镜，不诚实的人在他面前都会露出真相。

◆ 真正的聪明在于诚实。

◆ 一支蜡烛可以照亮暗室，一句诚实的话可以打开人的心灵之窗。

◆ 光明磊落胸襟阔，心底无私天地宽。

◆ 闯荡人生，你只需携带上“真诚”这个简单的通行证便可上路了。

◆ 诚信是一枚凝重的砝码，放上它，生命不再摇摆不定，天平立即稳稳地倾向一端；诚信是一道山涧流水，能够洗尽浮华和虚假，留下启迪心灵的真谛。

◆ 真诚是这个世界上最应该珍重的东西，它是人与人之间联系的纽带，失去它，世界将黯然失色。

◆ 任何一个人，面对他人和公众许下的诺言，绝不是抒豪情壮志，更不是作秀；诺言是一副担当，是一份责任，是一种付出。

◆ 做人就要做洋葱：只要敞开心扉，以诚相待，就是铁石心肠的人，也会热泪盈眶。

◆ 信任就如同一个一岁小孩的感觉，当你将他扔向天空的时候，他会嘎嘎地笑，因为他知道你会接住他，这就是信任。

◆ 诚挚的人做事踏实，像骆驼走路一样，一步一个脚印；虚夸的人吹牛承诺，而兑现如浮云，无影无踪。

◆ 一两重的真诚，价值等于一吨重的聪明。

◆ 一个人的聪明才智如果离开了“诚实”这个基本做人道理，他就像水上的浮萍、空中的楼阁，甚至成为有毒的曼陀罗花。

◆ 诚实之果有时虽苦却有益处；而虚假却好比有毒的花，万万不能采摘。

◆ 眼里藏不得沙，人容不得半点虚假。

◆ 真实就是真实，虚假就是虚假，面对伪作和赝品，坚守诚信才是坚守高尚与善良。

◆ 断线的风筝飞不远，说谎的日子长不了。

◆ 人言，落在地上，能生出花朵，也能长出荆棘。

◆ 如果一向说话可靠，一次说错了别人也会原谅；如果一向凭空捏造，说了真话也会被认作撒谎。

◆ 习惯在假话中生活的人，谎言并不可怕，真话反而让人恐惧。

◆ 任何谎话都不要说，因为惯于说谎，都不会有好结果。

◆ 亚里士多德说："一个人说谎得到的全部收获，就是当他说真话时人们也不会相信。"这与寓言《狼来了》所揭示的道理有异曲同工之妙。

◆ 谎言是踏入欺骗的第一步，也是堕落的开始。

◆ 谎言如墨，越涂越黑。

◆ 撒谎成功的时候，是撒谎人的人格贬值的时候。

◆ 撒谎与行窃是一路货。

◆ 有的承诺就像放屁，当时惊天动地，过后无踪无迹。

◆ 谁用欺骗获得成功，失败将以双倍惩罚。

◆ 撒谎的人一般是顾前不顾后，往往是自己揭露自己的卑鄙，比别人对他的揭露还更加辛辣。

◆ 一句谎言会使你走得很远很远，但是不能使你回家。

◆ 说谎等于刀伤，伤口虽愈合，但却留下痕迹。

◆ 谎言是根浮木，早晚会被冲上海岸。

◆ 弥天大谎好像困在陆地上的大鱼，它可以急蹦乱跳，使你极度不安；但你只要不去理它，它就会自然消亡。

◆ 说谎快得好似骏马，事实总可以追上它。

◆ 撒谎的人总爱发誓，有时惊天动地，但经不起事实轻轻一击。

◆ 当不信任来临时，爱就会被挤跑。

◆ 最危险的不真实，是被稍微扭曲的真实。

◆ 虚伪穿上真诚的外衣，最易欺骗天真善良的人。

◆ 经过包装的谎言犹如罂粟花，虽鲜艳美丽，但它的汁液经过加工提炼，也最能麻醉人、毒害人。

◆ 谁庆幸自己欺诈的成功，谁就已经掉入肮脏的泥坑，正如爱迪生的警告："虚伪和欺诈产生罪恶。"

◆ 背信弃义，等于刺人致命一刀。

◆ 破坏水堤的是腐朽的根基，败坏大事的是言而无信的人。

◆ 远离不义，不义也必然远离你。

◆ 贪不义之财易毁，信不忠之人多祸。

◆ 当财富失去时，什么都没失去；当健康失去时，有些东西就失去了；当诚信失去时，一切都失去了。

◆ 失去信誉的代价：你的话，我连标点符号都不信。

◆ 有些人，有些事，原谅是容易的，再次信任，就没那么容易。

◆ 天花乱坠的广告比质朴无华的说明书似乎更能招徕顾客，但是，指天誓日的谎言不可能永远打动消费者；口碑，才是更有力的广告。

◆ 聪明又忠诚的人，应该寻觅；
聪明而虚伪的人，应该警惕；
愚蠢而忠诚的人，应该同情；
愚蠢而虚伪的人，应该抛弃。

谦虚篇

谦逊是藏于土中甜美的根，所有崇高的美德由此发芽滋长。

——［希腊］苏格拉底

学习的敌人是自己的满足，要认真学习一点东西，必须从不自满开始。对自己“学而不厌”，对人家“诲人不倦”，我们应取这种态度。

——毛泽东

一个人好像一个分数，他的实际才能好比分子，而他对自己的评价好比分母，分母愈大，则分数值愈小。

——［俄国］列夫·托尔斯泰

◆ 稻子丰收了，谦虚地低下了头；苹果丰收了，羞涩地红着脸。它告诉人们：谦逊，意味着丰收，意味着成熟。

◆ 结满果实的树，总是低着头。

◆ 最谦虚的人，是最有出息的人。

◆ 承认自己能力有限的人，离完美就不远了。

◆ 在人生道路上谦让三分，就会天宽地阔。

◆ 参天大树从不计较影子的长短，因为这种情景影响不了自身的高度。

◆ 学苍竹到老虚心留劲节，
敬苍松久经风霜不知寒。

◆ 谦恭是一种圆润而不腻耳的音响，
谦恭是一种甘甜而不苦涩的美味，
谦恭是一种明亮而不刺眼的光辉。

◆ 泰山不辞土石，故能成其高；
江河不辞滴水，故能就其深。

◆ 真正有学问的人就像麦穗一样，当它们臻于成熟，成为饱满鼓胀的麦粒时，便开始低垂下头，不露锋芒。

◆ 在高炉里，钢总是向下沉，只有渣滓才喜欢漂浮起来。

◆ 当你躬行在知识的海洋时，谦虚像和风灌满你的风帆。

◆ 大海由于胸怀宽广能容纳千江万河才叫做海，要不然井底的泡沫也可以称为波涛了。

◆ 海纳百川，成汪洋之势，是因为它位置最低。

◆ 深渊的平静，表示它有所含蓄；滩水由于狭浅，才那样终日喧哗。

◆ 气吞万里的海洋，浩瀚壮阔，但它总是那么谦虚，始终把自己放得很低很低，因而能容纳百川的流水，吸收环球的雪雨。

◆ 观众的掌声，是一席无言的短评。骄傲者，听到的只是赞扬；谦虚者则从中得到严肃的鞭策和热烈的期待。

◆ 成就是谦虚者前进的阶梯，也是骄傲者的滑梯。

◆ 湖泊留不住山河，因为它没有大海一样宽阔的胸怀。

◆ 知识是储藏在谦虚这个无穷容量的大金库里；吹嘘自己的知识，就等于宣传自己的无知。

◆ 金字塔的尖顶，无论怎样被人们称赞景仰，它也不会向自己的基础骄傲：“我要比你伟大！”

◆ 真正自尊的人，必须是谦虚的；而那些傲慢的人，却是最不懂得自尊的人。

◆ 知识渊博者不显山露水，浅薄者夸夸其谈。

◆ 内敛的才华叫智慧，内敛的傲气叫风骨。一个人，若是既有智慧，又有风骨，那么，就是万般谦和，也是柔而不弱。

◆ 低调做人，你会一次比一次稳健；高调做事，你会一次比一次优秀。

◆ 虚伪是傲慢的装饰，谦虚是由于对人类认识过程的正确理解而产生的。

◆ 没有主见，妄自菲薄，人云亦云，不是真正的谦虚。

◆ 骄傲使天使沦为魔鬼，谦虚使凡人宛若天使。

◆ 骄傲狂妄是一座人人憎恨的朽塔，愚昧落后是知识海洋中的荒岛。

◆ 谦虚对于骄傲显得似乎“无力”，骄傲对于谦虚却显得十分无知。

◆ 越是当你滔滔不绝的时候，你的愚蠢越暴露无遗；越是当你洗耳恭听的时候，你的智慧越快乐生长。

◆ 满桶水不响，半桶水晃荡；虚心的人学十当一，骄傲的人学一当十。

◆ 小水弄波，喧哗不止；大水却凝滞无声。譬如大海，丰沛到了极点，深沉到了无以舒缓，便只有沉默。

◆ 轻浮的露珠，只能炫耀一时；奔腾飞湍的瀑布，却能倾泻千里。

◆ 稗子趾高气扬，是因为籽少粒小；稻穗低头向下，是因为籽粒饱满。

◆ 不倒翁肚里装的货越少，越摇头摆尾地站不稳脚；越是肚里没有真才实学的人，越是喜欢自吹自擂。

◆ 向人夸耀自己谦虚，就已经是不谦虚了；喜欢吹捧别人的人，自然也喜欢别人吹捧自己。

◆ 爱慕虚荣的人，总把自己一点一滴的成绩当作珍珠，甚至用“我”这根线穿起来挂在颈上，在别人面前炫耀自己；而谦虚的人，虽然作出了成绩，却总是把自己看作一滴水，让他在广阔的海洋里生存。

◆ 谦虚者照镜子，目的是发现自己的不足；骄傲者照镜子，目的是寻求别人的赞许。

◆ 金刚石的坚硬难以比拟，但在氧气中燃烧，它就化为二氧化碳。

◆ 英雄的勇敢难以抵挡，如果在胜利后骄傲，就会变成懦夫。

◆ 在峡谷里喊出朗朗的回声，不要以为自己很有气魄；在泥沼路上踩出深深的脚印，不要以为自己很有力量。

◆ 流星一旦在灿烂的星空开始炫耀自己光亮的时候，也就结束了自己的一切。

◆ 当你欣赏夕阳下自己高大的影子时，你便即将投入黑暗。

◆ 一只残烛，越想炫耀自己，越快趋于灭亡。

◆ 发出吱吱喳喳声的车轮，一定跑得不快。

◆ 肥皂泡破灭的灾祸，总是在无限扩大自我时降临。

◆ 帆，如果没有风，只是一个累赘；倘若能理解这一点，就不会干出一点成绩而飘飘然了。

◆ 霓虹灯只能在黑暗中洋洋得意，当太阳重新升起之后，谁也不会欣赏它光怪陆离的身影。

◆ 纸花，绚丽多彩却没有芳香；大话，震耳欲聋却没有力量。

◆ 雾，那么轻浮，那么飘忽，却要妄称主宰山野的霸主。

◆ 调门种种——

白鹤：我害怕碰到孔雀，我乐意同鸡在一起。

长颈鹿：羊不把我放到眼底，我能对它低声下气吗？

麻雀：唉呀呀，我最讨厌贫嘴薄舌的人。

蜻蜓：我熟知水性，江水、塘水全是一样。

蝉：我的歌声是第一流的。

◆ 雉鸡夸耀自己美丽羽毛的时候，最容易招来猎人的霰弹。

◆ 蝴蝶为什么酿不成蜜，因为它把所有的时间用来炫耀自己。

◆ 母鸡生了一个蛋，为了夸耀自己的功绩，便到处叫嚷；甲鱼生了十个蛋，为了保护它的后代，便在河边悄悄地用泥沙掩藏。

◆ 强中更有强中手，莫在人前夸海口；满足现在的成就，就窒息了未来。

◆ 过高估计自己的人，常常又是过低估计自己的人。

◆ 虚夸等于是穿上一件美丽但不遮体的纱衣。

◆ 光辉的生命暗淡下去了，是因为自满堵塞了思想之窗。

◆ 谁如果说“我是最美丽的人”，那么他的丑已公之于众。

◆ 给自己唱赞歌的人，听众只有一个。

◆ 独自一个人练跑步，往往觉得自己的速度很快。

◆ 竞赛时能显露本性，败后的表现则把本性暴露无遗。

◆ 走路时，要是只看天上的彩霞，很容易跌跤，甚至掉进泥潭。

◆ 你想知道一个人内心缺少什么，不看别的，就看他炫耀什么；你想知道一个人自卑什么，不看别的，就看他掩饰什么。——孔雀开屏，难掩丑陋屁股。

◆ 有时候谦虚往往被人看不起，吹嘘反倒受人尊敬，这并非是谦虚的过错，而是吹嘘在社会上太盛行的缘故。

◆ 当你在别人面前抬高自己的时候，那么，你在别人心目中已经贬值。

◆ 说大话、吹牛皮就像放爆竹，响一声就完了。

◆ 喜欢吹嘘的人好像一面鼓，响声大，腹中空。

◆ 夸夸其谈的千言万语，抵不过劳动的汗珠。

◆ 一百个讲空话的人，不如一个实干家；喜欢吹牛的人，见了纸老虎也害怕。

◆ 好说大话的人早晚咬舌头。

◆ 零不管乘什么数，仍然是零；无知并不能靠吹嘘变成天才。

◆ 涂脂抹粉可以美化外貌，而自夸自赞却美化不了心灵。

◆ 负数的倍数越大，其实际值越小；自负的人犹如一个负数，他越是自矜，更显示其浅薄无知。

◆ 自负像一个泥潭，陷进去就难以自拔。

◆ 自满是漏水的池塘，自卑是搁浅的船只。

◆ 自信过头会变成自负，谦逊过分会变成谦卑，果断过头就成了武断，慎重过度就成了慎微。

◆ 善于从别人眼睛中观察自己的形象并能客观对待自己的人是聪明人。

◆ 低头不是认输，是要看清自己走的路；仰头不是骄傲，是要看清自己的天空。

◆ 傲慢将使一个人视而不见，听而不闻；骄傲的萌芽，是倒退的开始。

◆ 骄傲来自浅薄，狂妄出于无知。殊不知，山外有山楼外有楼。

◆ 傲慢是将心脏变成一颗子弹那么小，然后扣响扳机，射穿自己再射穿别人。

◆ 自满、傲慢，一直怀着成见的人，就是天降甘霖，也无法流入他的心中。

◆ 谁若把成绩当作骄傲的资本，那谁就像沙漠上的流水，流来流去，一无所得。

◆ 闪电炫耀："我可以把黑夜照得亮如白昼！"航标灯说："瞬间的光明只能使轮船增加触礁的机会。"

◆ 骄傲是一位殷勤的"向导"，专门把无知与浅薄的人带进满足与狂妄的大门。

◆ 狂妄是无知的门神。

◆ 酒量小的人喝两杯就会天旋地转，骄傲的人稍受表扬就不知天高地厚。

◆ 骄傲的人像朽木，就是当柴烧也不过冒点黑烟。

◆ 骄傲的人像没烧好的土罐，轻轻一碰就会碎。

◆ 勿轻视低能者，轻之则育己之骄心；勿妒嫉高能者，妒之则妨己之虚心。

◆ 高傲和屈辱是一对难分难舍的兄弟。

◆ 诗人染上骄傲的霉菌，灵感的源泉就会枯竭。

◆ 一个低劣的歌手，不管他是怎样吹嘘自己是“明星”或是“巨星”，登台唱出的曲调却让观众难以忍受。

◆ 人，自大一点就臭了。

◆ 马的架子越大越值钱，人的架子越大越卑贱。

◆ 骄傲的最高层次的表现：让人深感不舒服甚至令人厌恶的过分谦虚的作秀态。

◆ 谦虚不是“唯唯喏喏”，更不是说假话，宋朝朱熹告诫说：“谦固美名，过谦者，宜防其诈。”

◆ 自卑有多种档次，最高档次的表现是吹嘘自己干什么都是天才。

◆ 那些用各种方式证明自己真理在握的人，那些用各种途径证明自己才华横溢的人，还有那些用各种手段证明自己富有、非凡的人，都极有可能被认为是不折不扣的疯子——只是他们自己还蒙在鼓里罢了。

◆ 一双偏见的眼睛，看到的都是有缺点的人；一双傲慢的眼睛，看到的都是愚蠢的人；一双智慧的眼睛，看到的都是值得尊重和学习的人。

◆ 以己之长比人之短，越比越骄傲；以人之长比己之短，越比越虚心。

◆ 说起骄傲的可怕危害，老舍先生是这样比喻的："骄傲自满是我们的一座可怕的陷阱，而且这陷阱是我们自己亲手挖掘的。"由此联想到源于《左传》上的两句名言："多行不义必自毙"、"玩火自焚"。这里都涉及所遭祸害均是自己造成的。如此看来，彰显谦虚，摒弃骄傲，必须从自身做起，方能走好人生路。

鼓风篇

俏也不争春，只把春来报。待到山花烂漫时，她在丛中笑。

——毛泽东

果实的事业是尊贵的，花的事业是甜美的，但是让我做叶的事业罢，叶是谦逊地专心地垂着绿荫的。

——［印度］泰戈尔

即使我变成一撮泥土，只要是铺在通往共产主义的道路上，让我的伙伴大踏步地走过去，那也是莫大的幸福。

——吴运铎

◆ 保险丝，当面临强大的电流时，忠于职守，当机立断，毁灭自身，保护了线路和千家万户的安全。

◆ 电焊条，它以火焰般的热情，把自己的生命化作灿烂的银花，将裂缝弥合，把别人点缀得完美，而自己却在这点缀中熔化殆尽。

◆ 磨刀石，一天比一天消瘦了，但磨出了千百把闪光的刀，为了他人不惜粉身碎骨，这的确是你的骄傲。

◆ 煤是平凡的，它远远比不上黄金、宝石那么稀罕珍贵；煤是黝黑的，它远远比不上翡翠那样五光十色；但是正是这平凡朴素的煤，每天都在默默地燃烧着，发出自己的光和热，造福于人类。

◆ 煤，只有在它燃烧的时候，你才能窥见那颗火热的心。

◆ 人活着要做火炭，去温暖周围的人，而不要做冰块，让人感到世态炎凉。

◆ 从不披上华丽的外衣，称它为黑子，它毫不介意；称它为乌金，它不沾沾自喜；为了把光明和热能贡献给人类，心甘情愿化为灰烬、泥土。

◆ 把心燃成火把，前进的路上都是明亮的。

◆ 垃圾箱，默默地吞下苦涩，却净化了环境。

◆ 粉笔，短小的身躯，在黑板上消磨自己一生，却丰富了莘莘学子的文化内涵和品位。

◆ 笔，用自己的汗水创造出无数人类瑰宝。

◆ 铺路石的可贵在于它把自己紧紧地凝结于土壤之中，筑起平坦光明的大道，为人们的前进开辟了广阔的前景。

◆ 铺路石如果不甘于默默地铺垫而想抛头露面，那就成了绊脚石。

◆ 砖，一块块，个挨个，喜迎千斤重力压身，笑为锦绣河山添彩，放在哪里都紧密团结，从不挑剔。那绮丽壮观的延安宝塔，雄伟庄严的天安门城楼，驰名中外的万里长城，无一不是千百万块砖组成的。

◆ 水泥是栋梁材，但它并不因此而嫌弃为铺路和补沟而尽力。

◆ 石子，没有大山的伟岸，却有大山的骨气。

◆ 基石，你从来不曾出人头地，总是默默地把万丈大厦托起。

◆ 碑石，有人认为你处处突出自己；实在冤枉，你是为了突出别人才不顾日晒雨淋。

◆ 毛石，你虽然相貌不雅，但许多整齐的房舍，漫长的石坝……都离不开你。

◆ 世间怕没有比泥土更卑贱的了，然而有谁的贡献能超过它呢？

◆ 朝霞用瑰丽的语言预报着天地的光明的到来，当天地一片光明时，它就将自己融化在整个光明之中。

◆ 朝霞，五彩晶莹，但要是没有太阳，也就没有它的美丽。

◆ 露珠，身躯虽小，心却可容纳整个太阳。

◆ 蓝天，就是被迫倒映在臭水坑里，依然是纯净的。

◆ 太阳在黄昏就退出天空，是为了让月亮也有尝试的机会。

◆ 月儿把它的光明洒遍大地，却留着黑斑给它自己。

◆ 夜空好像是一枚硕大无比的珠蚌，那璀璨的星斗和灯火，是她孕育的珍珠。

◆ 夜把花悄悄开放了，却让白日去领受谢词。

◆ 闪电的光亮虽强，只是瞬间存在；星星的亮光虽弱，却是整夜长明。

◆ 电，嗅不到，看不见，人们好像不觉得它的存在，但它却默默地为人开动机器，照亮黑夜。蝉，夏日整天在树上长鸣不已，要让人知道它的存在，但它却不能为人做什么工作。

◆ 星星将白昼让给辉煌的太阳，待到黑夜，便献出全部的光亮。

◆ 云块把雨点洒在大地之后就消失了，让蓝天来接受禾苗的谢意。

◆ 雷与电同时诞生，然而在人们的感觉中，雷总是走在闪电的后面。

◆ 雨，缝合了干裂的生活，染绿了青春的希望。

◆ 彩虹的生命虽然短暂，但它存在着的每一时刻都奉献出自己的美，留给人们美的永恒。

◆ 雨露为禾苗茁壮成长，却把自己溶于泥土之中。

◆ 秋，汗水凝成的金色的诗句。

◆ 雪，碎步轻盈，她不忍惊醒万物的梦。

◆ 是不起眼的小草最先报道春之消息，而不是艳丽的鲜花迎来春之女神。

◆ 小草，无声地站在路旁、原野、墙角，不像大树参天，不如牡丹那么妖艳，不比人参珍贵，不似杨柳多情，可是在自然界里，它拥有的面积最大。

◆ 小草以自己的纯真和烂漫捧出美丽的春天。

◆ 生在路旁的小草，千人踩，万人踏，然而等到第二天早晨，它仍青青的、绿绿的，继续做着净化空气、绿化环境的奉献。

◆ 万寿草虽然不能开出美丽的花朵，但能够做花坛的滚边，把鲜花装饰得更娇艳动人，因此同样受到人们的爱惜。

◆ 青草默默无闻地绿化广阔的大地，牡丹荣华显贵只装点有限的花园。

◆ 花蒂深感有碍果实的生长，所以便脱落下来。

◆ 每当受到人们的赞扬，红花总是不由地联想绿叶，因为它知道，这一切都是绿叶衬托的结果，而自己只不过是这“万绿丛中一点红”。

◆ 山花问浪花：“你这是何苦？和峭壁碰得粉身碎骨！”

浪花回答：“这正是我的幸福——为后来者开拓通往大海的路。”

◆ 花圃中万紫千红的花朵确实逗人喜爱，可是，如果没有绿叶的陪衬，就缺乏生机。繁茂的绿叶每日都在默默无闻地吸收阳光和水分，把制造出的养料无私地贡献给花朵，让花朵更加绚丽多彩。

◆ 叶，资格比花老，却乐在花下。

◆ 柳芽受到人们的青睐，全亏了春风的爱抚。

◆ 纯洁的梨花，从不希求给它挂彩。

◆ 埋在地下的树根使树枝生长出果实，却不要什么报酬。

◆ 茶叶，把感情注给别人，自己却甘于沉落。

◆ 甘蔗，创造甜蜜的事业。

◆ 年轮，拨动真诚的心弦，铭记成长的辛酸。

◆ 肥皂水沾污了自己，干净了别人。

◆ 轻浮的气球有飞扬的权力，诚实的轮胎却有承受千斤的力量。

◆ 人们赞美大堤，是因为它坚强地站在第一线，勇于同惊涛骇浪搏斗，把幸福和安全留给田野、山村、百姓。

◆ 为着水的清澈，河床默默地收起沉渣。

◆ 贝壳不因为人们总是赞叹珍珠，而卸下孕育珍珠的重任；它把人们对珍珠的赞叹，看成是对自己的最大鼓励。

◆ 贝壳纵然死了，也留下一双耳朵，倾听熟悉的音乐——潮起潮落。

◆ 珍珠，当赞誉接踵而至时，你可记得：蚌是为谁死于难产？

◆ 蚌，把全部的光和热献给了海的事业：在沉默中孕育，在沉默中奉献。

◆ 蚌虽死了，却把它的美丽留给了整个世界。

◆ 海螺无私地献出躯壳，是为了让人们吹响出海的号角。

◆ 一条航行的船，总是把负重的痛苦藏在水下，而在前进的欢乐中劈波斩浪，奋勇向前。

◆ 船标，成年累月，严守在自己的岗位上，扎根于大海波涛之中，任狂风骇浪的吹打，屹立不动，它以自己的光，指示人们哪条路是正确的航线，哪里藏有暗礁。

◆ 舵，航船的灵魂。

无论是航行在浩瀚大海上的万吨巨轮，还是行进在河湖港湾的帆船，要劈波斩浪驶达胜利终点，都离不开舵。

舵，默默地伫立在自己的岗位上，从不炫耀自己；愈是重载，愈是埋头。因此，它是忠于职守、埋头苦干的象征。

◆ 双桨，生来就同心协力迎风斗浪，为航船到达彼岸击水猛进。

◆ 雪白的帆，敞开豁达的胸怀，鼓风推舟，破浪向前，它从不懒惰和怯懦；在与风浪的搏斗中，它沿着既定的航向，总是昂首向前。在浩瀚的大海边，早晨，它第一次披上火红的朝阳；黄昏，它最后送走金色的夕阳。

◆ 风告诉帆：是你帮助我，把分散的精力集中到一个目标上来；

帆对风说：多亏你的鼓励，我才充满了前进的勇气。

◆ 铁锚，在波涛汹涌的大海里停泊，能使舰船稳如泰山；小小的铁锚之所以能有这样大的力量，是因为它深扎在海底。

不轻浮，是锚的高尚品质；
抓得紧，是锚的精神写照；
抓得牢，是锚的力量所在。

◆ 雄浑的桥墩，屹立在江心，它上托架架桥梁，承担万钧压力，下迎滔滔激流，粉碎千里浪花，任凭风吹雨打，犹自岿然不动。

◆一只只灌足了空气的汽车轮胎，精神饱满，斗志昂扬，扎扎实实，默默无声地荷着载重，滚滚向前，行驶数万公里而不知疲倦。

轮胎之所以能不停息地飞驰向前，是因为它时时脚踏实地；离开地面的轮胎，既使转的速度再快，也只能是空打转，不能前进一步。

◆在工厂，在矿山，安装大型设备，或是检修大型机床，工人们总是把一只只千斤顶垫在重物脚下。千斤顶凭着它那英勇顽强的斗志，坚韧不拔的毅力，顶起巍巍高炉、钢山铁岭。

千斤顶体小力大，英勇顽强，是因为它始终脚踏实地。

◆欣赏美丽的大厦，别忘了已经告退的脚手架。

◆为了火车歌颂着奔驰，枕木默默地躺在铁轨下，从不叫苦，从不喊怨。

◆道钉，像一个不知疲倦的哨兵，不怕严寒酷暑，不惧风狂雨骤，终日用自己的身体将钢轨护卫。虽然它和隆隆的机车相比，似乎微不足道，但若没有深扎枕木的颗颗道钉，那一辆辆机车就不能疾驰向前。

◆ 螺丝钉，它紧紧联结着大小机件，使各个机件组成一个坚实的整体；人们赞颂的往往是机器的名字，很少记起螺丝钉，但它不因自己默默无闻而松懈，而是扎扎实实地发挥自己的作用。

◆ 平凡的石灰石，甘愿充当堤坝和房屋的基脚，或被烧成石灰，尽管赴汤蹈火、粉身碎骨，它总是那样朴实坚强，一身洁白。

◆ 砂，极为普通，几乎遍地可取；然而，它在房屋建筑、水利交通、农林等工程建设中却有着极为广泛的应用。在人们经常歌颂的“钢筋水泥”中，砂，几乎占近半的比重。

每当一项土木建筑工程完成之后，在其堂皇的外表上，谁也找不到砂的存在；然而在建筑物的根基里、躯体中，砂忠实地履行着自己平凡的使命。

◆ 钢筋，经受过烈火熔炼，具备了坚韧的身躯，但是，它从不因此而高傲，心甘情愿和砂子、石块、水泥结合为一体，去组成高楼大厦需要的预制件，去灌注托起大桥的桥墩。构件能承受巨大的压力和拉力，发挥着骨干作用。它不图虚荣，总是默默工作，从不显示自己。每一块预制板，每一个桥墩，从来看不到它的身影，但它毫不计较，甘当这样的无名英雄。

◆ 滚珠，从来不独个逞能，工作中总是和自己的伙伴肩并肩，构成坚强的整体，承受着巨大的重担，它乐于吃苦，频繁运转不怠慢，重压之下不抱怨。尽管它的四周遍染油泥，然而始终坚持自己的本色，光闪闪，亮铮铮。

◆ 井水永不满足地汇聚着自己，不是为了个人的贪欲，而是为了让更多的人汲取。

◆ 小河的歌声是委婉的，瀑布的歌声是雄壮的；而山涧的小溪却在静静地流——它把自己的歌声献给了瀑布和小河。

◆ 后浪用尽最后的气力推动前浪，而后悄悄隐入海的深处。

◆ 春蚕，吃的是桑叶，奉献给人类的却是轻柔柔、亮闪闪的丝。

◆ 蜡烛如果为了青春而哭泣，决不会闪耀着自豪的光辉。

◆ 牛，面对着沉重的犁，目睹大片的田地从未皱过眉，从不讲价钱；当套上犁，它就脚踏实地，一步一个脚印地向前。——这就是“老牛风格”。

◆ 为了让火柴燃烧，磷片甘受伤痛。

◆ 路灯，不管在云淡风轻、繁华喧闹的傍晚，或在暴雨风狂、冰封雪飘的深夜，它都毫不吝惜地用自己的光辉照亮人们前进的道路。

◆ 世界上有一种灯，它虽然不是那种照破沉沉黑夜的光明之灯，但是它却不分昼夜地光芒四射，在时间的长河里，即使短暂的一瞬，也要尽力发出它所有的光和热。——那是奉献者用生命点燃的灯。

◆ 你为别人点燃了火把，你自己也获得了光明。

◆ 一个人在弯腰扶起跌倒在地上的人时，是他站得最高的时候。

◆ 藕，深居在污泥中，没有华丽的设施，没有四面通风的高级设备，也没有珍品佳肴供享用，条件可谓差矣！然而，它伸出的茎，亭亭玉立，绽放的荷花，芬芳馥郁；结出的莲子，醇厚甘美。可以说，它要求于人的甚少，给予人的甚多；其品格、情操，可亲可敬。

◆ 警笛，没有音乐那么悦耳，不及鸟语那样清脆，但你不间断的鸣响，总是抱着这样的信念：在前进的道路上，既缺不得激人奋进的战歌，又少不了促人警觉的忠告。

◆ 对人类文明和进步作过巨大奉献的部分名人，世人用形象的比喻概括其道德形象，意味深长，给人以深思，给人以丰富的联想：

华罗庚的道德形象是人梯；
苏步青的道德形象是老骥；
比埃尔·居里的道德形象是陀螺；
玛利亚·居里的道德形象是蚕；
牛顿的道德形象是小孩子[1]；
法拉第的道德形象是蜡烛；
达尔文的道德形象是钟表的机芯[2]；
卢瑟夫的道德形象是知识大厦；
富兰克林的道德形象是钥匙；
巴甫洛夫的道德形象是空气；
培根的道德形象是蜜蜂；
加里宁的道德形象是海绵。

---

❶ 爱因斯坦也曾被称为“永远的孩子”。哈佛大学智力专家霍尔德·加德纳称爱因斯坦之所以能够揭示如此众多的自然奥秘，是因为他从未失去孩子般的天真，他因此被称为“永远的孩子”（源于 2012 年 1 月 20 日《中国青年报》第 4 版）。小孩子的特点是天真、好奇，有丰富的想象力。

❷ 钟表机芯的特点是不停地运转。把达尔文的道德形象比喻成“机芯”，就意味着他工作不停地运转，几乎极少休息。

荣誉篇

无论学者、博士、圣徒，也无论圣明雄辩的人物，只要她一旦羡慕浮世的荣华，便是跌在蜜里的苍蝇，永难自拔。

——［波斯］萨迪

花根是鄙弃荣名的花朵。

——［黎巴嫩］纪伯伦

当你做成功一件事，千万不要等待着享受荣誉，应该再做那些需要的事。

——［法国］巴斯德

◆ 荣誉是对你在精神上的一种鼓励和嘉奖，它不是自我欣赏和夸耀的装饰品。

荣誉包含着集体的信赖和敬仰；你脱离了集体，荣誉就会失去光彩。

◆ 荣誉，是个脾气最怪的姑娘。终日想望着她，不断向她追求的人，她偏偏躲得很远；相反，终日老老实实，埋头苦干，甚至没有想到她的人，她却热情地悄悄地走向你的身边。

◆ 荣誉是对人民作奉献的标志，它不是借此向上爬的阶梯。

◆ 荣誉，鄙视它的乞求者。

◆ 乞求的荣誉，是纸扎的花朵。

◆ 荣誉，谦虚的人把这当作“预支”的代名词，用加倍的努力去报答人民对自己的信任和鼓励。

◆ 有的人佩戴的勋章越多，眼睛越亮；而有的人，一枚勋章，就眼睛发花。

◆ 荣誉，只能说明你的过去，不能说明你的将来。

◆ 荣誉是对一个人所做贡献的鼓励；地位，是一个人担子轻重的标志。切记：荣誉和地位是党和人民给的，应更加努力地为党工作，为人民服务。

◆ 运动员说：金牌是汗水和泪水的结晶；
科学家说：金牌是毅力和智慧的产品；
哲学家说：金牌是生活对奋斗者的最高奖赏；
文学家说：获取金牌就是获取理想的人生。

◆ 在茫茫的词海里，“荣誉”这个词闪射着光芒。它迷惑了多少人的眼睛，又照耀着多少人勇往直前啊！

◆ 有轰动一时的荣誉，顷刻烟消云散；有永世长存的荣誉，它与日月同辉。真正的荣誉只有一种，就是和人类进步事业连在一起的荣誉。进步的事业，永垂不朽，真正的荣誉，万古长青。

◆ 保持名副其实的荣誉要奋斗一生，而失去则在一瞬之间。

◆ 月亮是靠太阳而散发着光辉，因此它并不能显示出自己的伟大；而真正的伟大者正是太阳。

◆ 一分荣誉，十分责任；一点成绩，百倍虚心。对于一个革命者来说，荣誉永远是一条新的起跑线。

◆ 月亮的光辉是由于太阳的反射；你做出一点成绩而获得了荣誉，是党和人民给予的，更应加倍努力，万不可沾沾自喜。

◆ 月亮升自海中，莲花出于污泥；名誉不取决于身份，而取决于对事业的奉献。

◆ 如果得到的荣誉小于付出的劳动，不必忧郁，因为我们并不是同荣誉的给予者做交易；如果得到的荣誉大于付出的劳动，不能坦然，应竭力使劳动赶上去，超过去。

只有在这时候，荣誉才不是虚名，它才能被众人认可。

◆ 桂花装在瓶子里，它的香气飘向四方；德高望重的人即使把自己掩藏起来，他的名字仍在世上传扬。

◆ 声誉比金子更可贵。

◆ 荣誉的桂冠，都是用荆棘编织而成的。

◆ 成绩和荣誉是虚心者前进的阶梯，也是骄傲者后退的滑梯。

◆ 荣誉和奉献是一对热恋的情人。

◆ 荣誉，犹如一杯美酒。喝得适当的老实人，可以从中增添力量，振奋精神；贪婪者却会因此变成一个失去理智的醉汉。

◆ 只看到劳动模范胸前挂的奖章闪光，不看到奖章后面所付出的劳动和作出贡献的人，他永远无法享受英雄模范的荣誉。

◆ 荣誉说：辛勤的汗水，才是真正的美酒，而我只不过是装她的酒杯。

◆ 懂得播撒善良的人，必然收获好的声望和荣誉。

◆ 用诚实的劳动得到的荣誉，无尚光荣；用虚伪的手段骗取的荣誉，必将被唾弃。

◆ 只有懂得羞耻的人，才懂得如何珍惜荣誉。

◆ 荣誉，不会给予一个专门追寻它的人，然而，它自己会走向一个并不想望、却诚恳地为公共福利而劳作的人。

◆ 获得荣誉，是令人振奋的事；然而，一旦凭此夸耀、吹嘘，甚至念念不忘，荣誉就将枯萎、凋谢，最终一无所有。

◆ 把荣誉装进私人的腰袋，就会变色发霉；把它放在集体的仓库里，才能永放光彩。

◆ 躺在荣誉上睡大觉，荣誉就会变质变味。

◆ 躺在成绩的钢丝床上的英雄，比工作着的平凡人要差得多。

◆ 不要追求那徒有其表的虚荣，要献身那伟大壮丽的事业；不要企求别人颂扬我们的名字，要多让他人享受我们的劳动。

◆ 总想背着荣誉不肯放下的人，荣誉却像贵公子一样，把你当马骑，很可能要把你压成驼背。

◆ 用有没有荣誉作为干不干的条件，是永远得不到荣誉的。荣誉不会跟随追求荣誉的人。

◆ 荣誉不就是喧嚷的十字路口吗？莫想着由此便一直向前，有时恰恰又折了回来。

◆ 攀上高峰的人，并不都值得敬慕；因为有的人站在高峰时想到的却是别人都要抬头看他自己。

◆ 荣誉超过了事实，就成了污辱；爱护加上偏袒，即是损害。

◆ 黄金失去了还可得，名誉扫尽难挽回。

◆ 对于轻浮而愚蠢的人，荣誉和财富是危险之物。

◆ 每个人的虚荣心是同他的愚蠢程度成正比的，同他的真名实誉成反比。

◆ 叮在旗帜上的苍蝇，丝毫不能得到旗帜的光荣，而只能玷污它。

◆ 苍蝇嚎叫着，想争夺蜜蜂的荣誉。

但人们给予它的，却是加倍的嘲讽和厌恶。

◆ 事实穿上浮夸的衣裳，便成了虚假；荣誉被编成骗子的桂冠，便受到侮辱。

◆ 塑料花，亭亭玉立，花枝招展，鲜艳欲滴，但蜜蜂和蝴蝶从来不会光顾它。

◆ 为荣誉而工作的人，荣誉永远和他无缘。

◆ 那些偶像穿戴和装饰得看起来很华丽，但是，它们是没有心的。

◆ 凡是真正发光的东西，都不是用颜色涂抹出来的。

◆ 露珠的晶莹美丽是经不起阳光鉴赏的。

◆ 荣誉取决于你对事业孜孜不倦的进取；如果你想通过一些不正当的手段获得荣誉，其结果将是身败名裂。

◆ 用诚实的劳动得到的荣誉，是光荣而又令人敬仰的；用虚伪的手段骗取的荣誉，必将被唾弃。

◆ 荣誉，永远是漫漫长路上的加油站，而不是目的地。

◆ 保护光荣比获得光荣更难。

◆ 荣誉告诫奖章获得者：得到我，你切记不要骄傲；你要是满足，我就不会再来。

◆ 奖章对于一个真正的英雄，永远不是一张毕业证，而是攀登途中的一座座里程碑。

◆ 懦夫死后，腐肉一堆；英雄死后，美名永存。

美誉篇

眼睛如果还没有变得像太阳，它就看不见太阳；心灵也是如此，本身如果不美，也就看不见美。

——［古罗马］普洛丁

美在人的心中唤起的感觉是明朗的喜悦，就像亲爱的人在我们面前时的那种喜悦。

——［俄国］车尔尼雪夫斯基

你们不见美貌的青年穿戴过分而折损了他的美吗？你不见山村妇女，穿着朴实无华的衣服反比盛装的妇女美得多吗？

——［意大利］达芬奇

◆ 生活本身是美，真实是美；美就是真的顶端。

◆ 生活的美就在于它的丰富多彩，要使生活变得美好，就要不断充实它、丰富它。

◆ 求美，是一种追求和理想，用知识和智慧去充实，美就会升华为一种高的境界。

◆ 对美的追求是希望之花的蓓蕾，对美的冷漠意味着生命之树的枯萎。

◆ 我们应该追求完美，但不应该认为自己有完美的时候；否则，我们不但失去了追求，也失去了美。

◆ 渴望用自己的全身心追求美好事物的人，怎么能够仅仅甘心于当美的旁观者呢？

◆ 蛹，总是在痛苦的呻吟中实现内心对美的追求。

◆ 没有一颗美的心，就不会有一双发现美的眼睛。

◆ 生活中的美，是春风吹绿的柳叶，是夏夜流萤的烛火，是金秋里的一片思念，是冬雪下远方的呼唤。

◆ 美，是纯洁道德、丰富精神、健全体魄的强大的源泉。

◆ 珍珠只能炫耀自己的富有，而种子不但创造世界，还创造着美。

◆ 美，属于默默地创造生活美的人，唱高调、吹牛皮决不能出现美的奇迹。

◆ 花比果美，是因为花给人的是期待，果给人的是欲望。

◆ 马美在奔驰中，雁美在高空中，花美在绿丛中，话美在道理中，人美在劳动中。

◆ 松柏虽然没有妩媚艳丽的花朵，但它却能不畏严寒、不惧酷暑，万年长青；劳动人民的手，虽然茧子层层，似乎并不美观，但它却创造了人类，改造了世界，创造了无穷无尽的物质文化财富。

◆ 勤姑娘，心灵手巧；懒汉子，嘴尖皮厚腹中空。

◆ 真正的骏马不在鞍子好，真正的漂亮不在衣饰好。

◆ 人不一定生得漂亮，但却一定活得漂亮。

◆ 出门时忘了化妆，最好的补救办法是露出微笑。——本色也是一种美。即使很美的东西，也需要一点自然的点缀。

◆ 稚子之心，美在无邪；少女之心，美在无瑕；伟人之心，美在无私。

◆ 一个女人的优雅在于，即便沉默也笑意嫣然；而一个男人的品位在于，即便嬉笑也庄重正气。

◆ 沉默就是美丽的宝石，但有些女子很少佩戴它。

◆ 真正懂得美的人，在镜子里寻找的是自己的缺陷和不足，而不是孤芳自赏的怜影。

◆ 一个人左右不了时代，却可以左右自己的脸；它可以不漂亮，却不可以没内容；有内容才会有气质，才会流淌出他人模仿不出的个性。

◆ 塑料花再鲜艳，也没有芬芳；而真花即使凋谢，也曾有过美丽的生命。

◆ 心灵和行为创造的美，才是真正属于自己的。

◆ 花朵虽艳，终要凋谢；容貌再美，也会渐衰。唯有诚实美好的心灵之花才会光彩迷人。

◆ 乔装打扮，只是外在的点缀；金叠如山，也标不出生命价值的昂贵。只有健美的心灵，才能使青春流光溢彩。

◆ 橱窗模特终日站在那里端着身架，一味炫耀那追求时尚的表层，其实却空虚得很。

◆ 泥土，不一样的肤色，却拥有同样善良和美好的心灵。

◆ 心灵深处弹出来的音乐才纯真，用汗水沐浴过的皮肤才健美。

◆ 名山不在高，而在于景；
人美不在貌，而在于心。

◆ 美的容貌不一定就赋有美的灵魂，粗糙的贝壳可能孕育着珍珠。

◆ 心灵的贫乏比衣兜里的贫乏更容易产生盗贼和骗子。

◆ 美的花朵决不会开在干涸的心田，美的果实决不会结在祈求的空盆里。

◆ 污浊的水沟，映不出绚烂的彩虹。

◆ 有美貌而没美德，犹如虽香而有毒的花朵。

◆ 爱美就是热爱生活，懂得美的真谛，就能产生不懈追求的勇气、智慧和力量。

◆ 最美丽的色彩是感情的色彩，最动人的声音是心灵的声音。

◆ 水中的倒影是美的，但经不起浪花的挑逗。

◆ 美丽的大理石不需要修饰，一个人的美貌无需刻意搽脂抹粉。

◆ 没有一颗珍珠的闪光是靠别人涂抹上去的。

◆ 愈是矫揉造作，愈是丑陋不堪；愈是装腔作秀，愈是一文不值。真的美任何时候都丑不了，真的丑再美化也美不了。

◆ 空虚和轻浮之人最注重外表。

◆ 洗尽铅华，总是比随意涂脂抹粉来得美。

◆ 整容大师可以把丑八怪修饰得如花似玉，楚楚动人，但难以矫正畸形的心。

◆ 心灵不美的人打扮得愈是花枝招展、光艳夺目，愈是反衬其丑。不能从背影判断一个人的美丑；如果这样，看似很美的人，当他（她）回过头来时，会使你大吃一惊。

◆ 态度之粗俗，再美的外貌也被扭曲为丑。

◆ 只有敢于摒弃丑的人，才能获得真正的美。

◆ 丑在自炫为美时，便是一场滑稽剧在开演。

◆ 过于美好的人或物，其价值不在于被得到，而在于被想象。

◆ 完美不是做非凡的事，而是将平凡的事做得非常好。

◆ 即使只有一分钟的完美，努力了，也有所值。

◆ 美的价值，决非凭职位高低、权力大小去衡量；在生活的天平上，为国分忧，为民解愁，是掂量心灵美的砝码。

◆ 最美的不是下雨天，而是曾经让你躲雨的屋檐。

◆ 美，总是与邪恶为仇，却总与真善结缘。

◆ 使用美的语言，世上至少可以避免许多无谓的争吵。

◆ 顺境显现恶习，逆境凸现美德。

◆ 老茧，长在手上是光荣的标志，劳动美的标志；若长在脑中，却是致命的毒瘤。

◆ 不能因为粪肥臭就断定它的本质坏，“金秋飘香”便是一篇有力的证词。

◆ 战士那褪了色的军装是美的，工人那一身油迹斑斑的工装是美的，农民那一双双粗糙满是茧子的手是美的，船工那粗犷雄浑的劳动号子是美的。

◆ 热爱生活的人都爱美，爱美的人都热爱生活。

◆ 昙花，是美丽幽香的名花之一，可惜花期很短，吐蕊放苞只几个钟头。

◆ 霓虹，颜色很鲜艳，但不会长久；玫瑰，纵使长在荒野，芳香依然如故。

◆ 地基稳固，建筑才能讲究华美。

◆ 假山石本是真的石，它是被凿下来搬入花园的。虽然它的天工奇姿受人赞赏，身价倍增，但它却不得不背负着“假”的名声，只缘它离开了自己的根。

◆ 模仿美容易，理解美难；感触美容易，认识美难。

求知篇

书籍是人类进步的阶梯。书籍一面启示着我的智慧和心灵，一面帮着我在一片烂泥塘里站了起来，如果不是书籍的话，我就沉没在这片泥塘里，我就要被愚蠢和下流淹死。

——［苏联］高尔基

知识有如人体血液一样的宝贵。人缺少血液，身体就要衰弱，人缺少了知识，头脑就要枯竭。

——高士其

一本好书像一艘船，带领我们从狭隘的地方，驶向无限广阔的生活海洋。

——［瑞士］凯勒

◆ 书籍好比一架梯子，它能引导我们登上知识的殿堂；书籍如同一把钥匙，它将帮助我们开启心灵的智慧之窗。

◆ 阳光照亮世界，知识照亮人生。

◆ 生活是知识的源泉，知识是生活的明灯。

◆ 每一本好书，都像一盏奇特的灯；不过它照亮的不是黑夜，而是求知者的心灵。

◆ 知识就像内衣，看不见，但很重要。

◆ 知识就像黄金，在任何地方都是永恒的。

◆ 何谓知识？年轻时知物识物，成年后知人识物，阅历后知时识势。

◆ 读书在于造成完全的人格。

◆ 没有知识的生活就像没有香味的玫瑰花。

◆ 没有羽毛，多大的翅膀也不能飞翔；缺乏知识，再好的理想也是空谈。

◆ 无论怎样大的图书馆，也能用书籍塞满；而人的脑子所装的知识，却是永远也塞不满的。

◆ 世界上最庄丽的宫殿是藏书的图书馆。

◆ 晚年所收获的美好果实，是在年轻时期播种的。

◆ 年轻时不栽培知识，老了就没有乘凉的树荫。

◆ 好学者，犹如春天的小草，不见其长，而日有所增。

◆ 眼睛是心灵的窗户，书籍是智慧的明灯。

◆ 大海不会嫌水多，金库不会嫌宝物多，人不会嫌幸福多，学者不会嫌知识多。

◆ 缺乏知识就无法思考，缺乏思考就得不到知识。

◆ 家有良田，可能要被水淹掉；家有宫殿，可能要被火烧掉。而脑子里储存的知识，水淹不掉，火烧不掉，谁都拿不走。

◆ 知识的积累应该像金字塔，塔基稳固，塔身才能巍峨，而不能像比萨斜塔，塔基窄小，时刻有倾倒之虞。

◆ 滴水可以成江河。但是，要成江河，必须汇集起来，不愿集中，风吹日晒，到头来只能化为乌有。

◆ 吸水纸碰到一滴水吸干了，再碰到一滴水又吸干了；如果对待学习，也有吸水纸这种精神，那我们头脑中就可以汇成知识的海洋。

◆ 浩瀚的海洋来自涓涓细流，广博的学识全凭日积月累。

◆ 跟谁说话，决定你的视野和眼界；跟谁思考，决定你的深度和格局；向谁学习，决定你的命运和未来。

◆ 不要用衣服装饰你，而要用知识提升你的品位。

◆ 把书当作米粒，只能吃一粒算一粒；把书当作种子，才能种一粒，绿一片。

◆ 知识像鱼网，鱼网愈宽，网的鱼愈多；知识之网愈大，能解决的问题愈多。

◆ 思想战线上的好战士，思想就是武器，知识就是力量。如果知识贫乏，思想僵化，装腔作势，腹中空空，就像是穿着球衣、球鞋而不会打球的“化装球员”一样。

◆ 丰富的知识如果失去了正确的精神选择，将是一条极其危险的路。

◆ 知识好像沙石下面的流水，挖掘得越深越清澈。

◆ 真正的知识，不像地皮上的积水，出手可得；它是深藏于厚土和坚石之下的泉水，只有勇于钻探的人，才能尝到它的甘美。

◆ 知识深藏在大海里，求知者应该像勇敢的潜水员，潜到深处，潜心探取。

◆ 不学蜻蜓点水，一闪而过；要学鹭鸶捕鱼，钻进水里，才有收获。

◆ 只会在沙滩上沉思，永远也不能得到珍珠；要获得宝贵的珍珠，必须潜入别人没有到达过的海洋深处。

◆ 求知有如下海捕措：涉浅海者得鱼虾，涉深海者得蛟龙。

◆ 浮萍，生在水上，死在水上，但终究不知水的深浅。求知的人，如果像浮萍一样，只在知识的海洋里随风漂泊，那么，他将永远拾不到珍宝，最多只能沾上一些水滴。

◆ 不要因为一场薄雾，便以为前边没有什么景物。一切博大、深厚的，都赖以辛勤地、永不自满地吸取收容。

◆ 知识像蕴藏在大地深处的泉水，取之不尽，用之不竭；人们想得到它，必须付出艰苦的劳动。你挖得越深，涌出的泉水越多。

◆ 明珠藏于大海，宝藏埋于深山，要靠艰辛的劳动去探取、去开采。

◆ 铭记古训：书山有路勤为径，学海无涯苦作舟。

◆ 知识的宝库，人人可以进去，但非拿上“劳动”这钥匙不可。在劳动中挤出的汗水，颗颗都是珍珠。

◆ 沉醉于春光而忘却辛勤劳动，就不能获得秋后的硕果。

◆ 吝惜春天的汗水，就不要嫉妒秋天收获果实的人。

◆ 最香甜的果实是洒着自己汗滴的。

◆ 没有苦就没有甜。学问这甜果是凭借千辛万苦换取的，正如古罗马文学家大加图比喻的那样：学问是苦根上长出的甜果。

◆ 成就是劳动的结晶，付出的汗水越多，成就越大。凭侥幸所取得的成就，是丝毫不值得夸耀的。

◆ 汗水和果实假如是一对数值，无须任何公式推导证明，二者永远成正比。

◆ 两个相反数之和等于零，雄心和空喊相加无成果。

◆ 验算一道难题，甚累，但很充实。

◆ 耕耘和收获构成一个公正的比例式，一分辛勤的劳动汗水，必然伴随着一分收获。汗水流多了，果子才甜。

◆ 汗水和丰收是忠实的伙伴，勤学和知识是一对最美丽的情人。

◆ 耕耘者脸上的汗水究竟有多少价值，到了收获季节才会知道。

◆ 汗水是滋润灵魂的甘露，勤奋是理想飞翔的翅膀。

◆ 秋天的硕果不属于春天的赏花人，而是属于春天的耕耘者。

◆ 能洒绿万山的圣水，是劳动的汗水。

◆ 一个从来不肯用功学习而想入非非的人，如果想获得一点知识，就等于用刀在空中划下一道裂痕那样困难。

◆ 人们往往看到光辉的结果，而不去想象背后黑暗中的准备。

◆ 没有付出努力而渴望成功，无异于在没有播种的土地上等待收获。

◆ 秋天的树，用各自的果实说明。

◆ 当桃花和大地亲吻时，色香便溶入土地；当事业和怠惰共处时，希望便化为泡沫。

◆ 迷信天才的人是蠢牛，坚持勤奋的人最聪明。

◆ 通往云端的道路，只亲吻攀登者的足迹。

◆ 才能的火花，常常在勤奋的磨石上迸发。

◆ 知识是无穷无尽的大海，学习是驶进海洋的舟船。勤奋是桨，谦虚是帆。

◆ 勤奋可以弥补天资的不足，而天资却永远也弥补不了懒惰的缺陷。

◆ 松弛的琴弦，弹奏不出美妙的曲调；懒散的作风，锻炼不出高强的本领。

◆ 懒散和怠惰，是一把锈锁，它锁住了真理、智慧和才能的宝库，使你在工作和学习上永远是一个“缺粮户”。

◆ 蜻蜓落在花上，悠闲地在花上跳荡；

蜜蜂落在花上，辛勤地采集着花粉。

◆ 没有蜜蜂的辛勤劳动，就是一片花海也不会有蜜；没有刻苦的学习精神，就是埋在书堆里，也不会得到知识。

◆ 倘若智慧与懒惰为邻，那它就变成了愚蠢。

◆ 懒汉的珠宝，撒落在闲散的荒野；智者的认识，得之于勤劳的开掘。

◆ 懒汉把休息与享乐、闲适当作同义词，而勤奋者把休息当作积蓄力量，以利再学的间隙期。

◆ 懒散是蛀虫，它蛀蚀了宝贵的光阴，留下了无知与悔恨。

◆ 勤学是知识的土壤，多思是知识的钥匙。

◆ 即便买来的糖和自己榨的糖都是糖，吃起来就觉得自己榨的比较甜些。

◆ 微小的石子虽不显眼，但能铺出千里路；细小的努力虽不惊人，但只要坚持不懈，就能攀登万仞山。

◆ 知识是个封闭的富矿，打开它的钥匙是持之以恒的努力。

◆ 站在山顶，才能看到山外有山；坚持学习，更能感到苦中有乐。

◆ 雄鸡生来就有一副好嗓子，但是要啼得响亮，仍然要使尽全身力量。谁认为自己有天才，不需要刻苦努力，那就大错特错了。

◆ 学习要有毅力，毅力不生长在神经质的狂热中，它孕育在坚持不懈的追求中。

◆ 不管产品多么精密，也比不上工人的头脑精密，要取得钻石，首先要有钻石般的决心。

◆ 求知并不难，看你钻不钻，“入门”靠虚心，深造靠恒心；天下无难事，只要有决心。

◆ 一切美好的东西，对待真心追求的人，总是先给他三分痛苦，然后再馈赠他七分快乐。

◆ 不结网的蜘蛛捉不到虫。

◆ 志气和毅力是诞生成就的催化剂。

◆ 在刻苦钻研的人面前，知识宝库的大门总是打开着的。

◆ 学，要像一只钻头，去开拓知识的深井；问，要像一把钥匙，去开启疑团的大门。

◆ 好问不应脸红，无知才应羞愧。

◆ 土地需要辛勤耕种，知识需要反复探索。

◆ 千丝万缕的麻绳，只有当它们结成网的时候，才能捕到鱼。

◆ 只把自己的大脑当作知识的采购站，那是清醒的愚蠢；而把自己的大脑当作知识的加工厂，才是真正的聪明。

◆ 乳牛，必须用很长时间进行“反刍”，否则，就是吞食了柔嫩的青草，也无法吸收并变为自己的乳汁。

◆ 对于书本知识来说，课堂是获得它的“饭厅”，耳目是猎取它的“碗筷”，头脑是咀嚼它的“牙齿”和消化它的“肠胃”。

◆ 蜘蛛和壁蛛都能捕捉苍蝇。蜘蛛是守网以待；壁蛛则攀墙缘垣，遍穿穷搜，时时得益。在学习上我们应当效法，这是不言而喻的。

◆ 蜜蜂，博采百花酿成蜜；蚯蚓，吃进泥土，出来的还是泥土。学习也有两种方式，一种是“蜜蜂式”，一种是“蚯蚓式”。我们应当采取前者，摒弃后者。

◆ 不会识别矿石的人去勘探，最珍贵的矿石即使在他脚下，也会视而不见。不善于联系实际的人去学习，即使是最好的著作也难得教益。

◆人在面临抉择而无法取舍的时候，应该选择自己尚未经历过的那一个。

◆ 光靠两只手是有限的，想办法动脑筋是无限的。想一个方法提高两倍、三倍是有限的，再想办法，再动脑筋，又是无限的。

◆ 弓，之所以能把箭射得远远的，是因为它把力量集中在一点上。

◆ 交谈锻炼的是思维，闲话锻炼的是舌头。

◆ 字典，伴随一生的老师，放飞梦想的翅膀。

◆ 书签，引路的航标灯，开拓的风帆，暂憩的驿站，起锚的港湾。

◆ 脑子好比一把刀，思考就是磨刀石，刀子越磨越锋利，脑子越用越灵活。

◆ 记忆的媒介——趣味；
记忆的捷径——联想；
记忆的动力——应用；
记忆的助手——简化；
记忆的仓库——卡片。

◆ 知识，当你运用它时，它就会像珠宝一样发光；当你抛弃它时，它就会像锈铁一样烂掉。

◆ 不运用的知识，如同井里的水，虽然很深很净，永远不会像奔腾的小河唱出动人的歌声。

◆ 只有书本知识而没能力，如同在雪地中守着木柴却没有火去点燃。

◆ 药的价值不在价高，而在对症；才的渊博不在学历，而在学力。

◆ 只有当知识转化为智慧和能力的时候，知识的价值才显得更充分。

◆ 别把知识同智慧混淆，知识有益于你的日常生活，而智慧能帮你创造人生。

◆ 思想和幻想是两颗同时运行的星星。它们的区别是，前者撞出了火花，而后者只在游荡。

◆ 如果学得一项专业之后，没有懂得尊重和运用这项专业，那么你便什么也没学到。

◆ 即使是一块美玉，也只有经过艺人的精雕细刻才能发出更绚丽的光彩。

◆ 智慧的火炬是知识。

◆ 缺少智慧的知识如同压在驴背上的一摞书，只是累赘。

◆ 有些古董，陈列在博物馆里是无价之宝，在现实生活中去使用它时，就没有什么贵重价值了。

◆ 智慧之花如果不嫁接到事业之树上，它就结不出大果。

◆ 知识是一个积累的过程，智慧是一个简约的过程。

◆ 要把愚蠢当作可恶的敌人，你才会不懈地追求智慧。

◆ 最绚丽斑斓的鸟往往唱歌最差，这也适用于人。奇巧华丽的文字里，难有深刻的思想；倒是质朴无华的文字里，往往蕴含着深刻的哲理。

◆ 通俗，是用浅显易懂的文字去阐述深刻的思想；庸俗，则是以浅薄轻浮的态度去重复尽人皆知的道理。通俗引人深思，庸俗令人倒胃。

◆ 一个人的特点，向这一头发展也许是你的长处，向那一头发展可能正是你的短处。

◆ 比河短的桥造得再好也没用。

◆ 闻道有先后，术业有专攻。

论扬蹄奔跑，骆驼比不上追风逐电的骏马；但是，在沙漠上，骆驼却是负重致远的“好汉”。讲展翅飞翔，鸬鹚远不如击空冲天的雄鹰；然而在深水里，鸬鹚却是捕鱼衔虾的能手。

◆ 不要把格言锁在仓库里，它也是有生命力的精灵；格言的生命之树，在你的行动中长青。

◆ 求知应需要——

吸引力，求知的种子；注意力，求知的窗口；
意志力，求知的利剑；观察力，求知的雷达；
记忆力，求知的仓库；想象力，求知的翅膀；
联想力，求知的钥匙；概括力，求知的规矩；
模拟力，求知的借鉴；创造力，求知的升华。

创新篇

独辟蹊径才能创造出伟大业绩，在街道上挤来挤去是不会有所作为的。

——［英国］威廉·布莱克

没有大胆的猜测，就作不出伟大的发现。

——［英国］牛顿

科学是人类思维的自由创造。

——［法国］庞卡莱

◆ 创新，重锤撞击燧石迸射的火花；
创新，浪遏飞舟溅射的浪花；
创新，人类进步和文明的内动力。

◆ 不冲破固定的思维模式这张网，就谈不上推动社会进步的创新。

◆ 在因循守旧的枯枝上，采摘不到创新的果实。

◆ 每个人的思维或审美总是有一个模式，而且不愿打破，所以很多时候，埋没天才的不是别人，恰恰是自己。

◆ 思维有了定势，心路就狭窄，许多事情就想不开。其实，只要把你自己的心径扩大 1 毫米，你就会看到生活中任何变化都有它积极的一面，充满机遇和挑战。

◆ 固定的思维模式是人类进步的大敌，当我们被某个思维定势桎梏时，往往很难看清楚一些事物的本质，就谈不上有所发明，有所创造。

◆ 换一换思维方式，变一变行事风格，死亡也能延续生命，黑暗也将变为光明。

◆ 摆脱思维定势天地宽。如果沿着一条思维发展下去，不仅不能解脱，反而被传统的东西压得喘不过气来。

◆ 马戏团的猴子因模仿得惟妙惟肖，赢得满堂喝彩；而一个人只会模仿而不会创新，算不得高手。

◆ 没有惊天动地的春雷，就没有滋润万物的春雨；没有敢想敢闯的创新，就没有日新月异的变化。

◆ 创新包括两步：看到所有人都能看到的，再想到没有人能想到的。

◆ 智商知道下一步做什么，技巧是知道怎么做。

◆ 没有思路就没有出路，思路决定出路。

◆ 逻辑可以让你从 A 走到 B，想象力可以让你走到任何地方。——想象力可以突破思维的束缚。

◆ 有想象力而缺乏经验和有经验而缺乏想象力均达不到创新的境界。

◆ 人的智慧并非来自研究伟大的学说，而是来自对平凡事物的观察。

◆ 牛顿由看见苹果落地而发现了世界的万有引力定律，瓦特从沸水掀动水壶盖的现象为世界找到了强大的动力。在生活中细心观察和大胆想象，必有所得。

◆ 观察，思维伸出的触角；思维，各种信息在头脑里发酵；灵感，激情敲击心扉的声音；创新，量的飞跃后的成果。

◆ 思索，是勘探的重锤，叩击知识宝库的大门；

思索，是导航的路标，指引人们驶向智慧的彼岸；

思索，是创新的门窗，没有它，成功的阳光就射不进来。

◆ 思考，是人类向科学进军的先导，是探索大自然秘密的侦察兵，是创造发明之花的阳光雨露，是攀登科学高峰的阶梯。

◆ 没有思考的闪电，就不会有灵感和春雨。

◆ 灵感，是一堆烧得通红的炭爆出的火星。

◆ 失去独立思考的人，就像失去风帆的船。

◆ 没有冬天的沉寂，就不会有春天的绚丽；没有深沉的思考，就不会有突破性的创造。

◆ 思绪的天空，只有让智慧的小鸟飞翔，才能唱出动人的歌声。

◆ 智慧的花朵常常开放在痛苦思索的枝头上。

◆ 新颖的见解不仅仅是灵感的闪现，而是广阔的探索加刻苦咀嚼，加勇敢的联想。

◆ 不必害怕尝试，诺亚方舟就是生手制造的，而泰坦尼克号却是由专家制造的。

◆ 新奇的设想纵然是粒粒珠玑，如果没有亲自实践这根金线，也串不成创新的项链。

◆ 探索，是泛舟学海的舟楫；耕耘是学问的犁铧、开拓自然界神妙的阶梯。

◆ 天赋好比纯净的氧气，它可以助燃，但只它本身却不能燃起火光。

◆ 世界上没有“不可能”，就连“不可能”这一短语，断开就是“不，可能”。

◆ 把简单的事情考虑得很复杂，可以发现新领域；把复杂的现象看得很简单，可以发现新定律。

◆ 人才，科学事业第一的丰富资源。

◆ 高潜力人才的一个典型特征就是永不满足现实、不断挑战更高目标。

◆ 老死在马厩里的千里马，大都是一直固执地等待伯乐。

◆ 科学创新不仅要求宽容的环境，而且需要不断地鼓励，使开始似非而是的见解、学说能大着胆子表示、发表出来。

◆ 冰山在水下的部分才是重心所在，忽略这一点，让我们常常低估一次成功背后的巨大努力。

◆ 闪光只在一瞬，但闪光前都要长时间积聚能量。

◆ 创造奇迹的人，凭借的都不是最初那点勇气，但是只要把最初那点微不足道的勇气保留到底，任何人都会创造奇迹。

◆ 不要等待机会，而是努力创造机会；等待有把握时再去做某件事，往往意味着永远的等待。

◆ 成功的快船，不等待迟来之客。

◆ 成功的含义：第一是勤奋的褒奖，第二是前进的激励。

◆ 成功有时需要破釜沉舟的勇气。

◆ 许多时候，成功并不是由于获得了各种支持，而是由于战胜了各种反对。

◆ 成功不是赢在起点，而是赢在转折点。

◆ 上台阶尽管费劲，却一步比一步高；攀登科学技术高峰虽然不易，但每一步却更接近目的地。

◆ 当希望与勤奋挽起臂膀时，总有一天会撞开成功的大门。

◆ 当别人开始说你是疯子的时候，你离成功不远了。

◆ 成功是位严苛的情人，爱用一连串失败考验追求者对她是否诚心。

◆ 成功就是走过一个接一个失败仍满怀激情，去发明、去创造。

◆ 任何成功的链条都是由一个又一个失败的环节焊接而成的。

◆ 失败是趟令人生厌的列车，然而每个成功者都曾是它的乘客。

◆ 失败的启示：对善思者来说，既是严防旧错重犯的盾，又是获得进步的矛。

◆ 失败是成功之母，是当你知道为什么失败的时候；错误是正确的先导，是当你懂得为什么错的时候。

◆ 错误提供的教训是正确的先导，失败留下的印迹是成功的路标。

◆ 失误不是闯的过错。倘若不允许闯中有错，那么，守株待兔是最容易仿效的。

◆ 善待失败，你才会敢于创新。

◆ 失败后吸取教训的人，总比胜利后抱着勋章睡觉的人强。

◆ 失败是对无知的惩罚，但绝不是灰心的依据。

◆ 假如你从来不曾有过失败，那就是说你从来没有成功。

◆ 成功的方法千万条，多总结别人的失败，根据现实的路走，不要太在意名人大家的创业格言。

◆ 擦干失败的泪，是成功的前奏。

◆ 科学实验中的教训，是在你认为自己一无所获时的收获。

◆ 自信，其实并不来自于总是能成功，而是来自于不害怕失败。

◆ 培养自信这株幼苗，不仅需要成功的甘露，而且必须化失败为腐泥。

◆ 信心是孕育成功的母亲，钻劲、韧劲是通往成功之途的发动机。

◆ 以色列科学家谢赫特曼发现的“准晶体”独享 2011 年诺贝尔化学奖。他对新事物的发现作了精辟的诠释：科学需要质疑，任何新事物的发现，难免要遭受误解甚至嘲笑，经受了嘲笑而笑到了最后，也就成功了。

◆ 实践发展永无止境，认识真理永无止境，所以理论创新永无止境。

时间篇

在所有的批评家中，最伟大、最正确、最天才的批评家是时间。

——［俄国］别林斯基

美国人说，时间就是金钱；但我想，时间就是性命。无端的空耗别人的时间，其实是无异于谋财害命。

——鲁迅

时间的步伐有三种：未来姗姗来迟，现在像箭一般飞逝，过去永远静立不动。

——［德国］席勒

◆ 时间是什么?

文学家说:时间就是金子。

医学家说:时间就是生命。

教育家说:时间就是知识。

军事家说:时间就是胜利。

史学家说:时间就是公正的法官。

哲学家说:时间就是真理的女儿。

美学家说:时间就是生活的希望。

经济学家说:时间就是财富。

◆ 时间是一笔贷款,即使再守信的借贷者也还不起。

◆ 光阴如锉,细磨无声。

◆ 时间是检验真理的尺度。

◆ 时间是看不见的流水,但勤奋者却能听得出它奔流的响声。

◆ 时间,不会像大自然的春天那样年复一年地出现,却像滔滔江水,昼夜不停地向前流逝。

◆ 时间是最伟大、最公正和永不会犯错误的批评家。

◆ 时钟的道路是循环的,但时钟所指示的时间却永不回头。

◆ 点点滴滴的水，可以汇成滔滔江河；分分秒秒的时间，可以积成年年月月。

◆ 时光的尖刀，能把坚固的高楼砍破，时光的流逝，能使一个人的生命缩短。但是，时光的大手也能培植起繁荣、富强和幸福；时光的流水也能浇出一个美丽的青春。

◆ 时间犹如雕塑大师手中的雕塑刀，能把生活舞台上形形色色的人雕塑得栩栩如生。

◆ 时间像一位奇妙的化妆师，自然而又公正地描绘着人们在不同时期的形象。

◆ 那些认为时间可以医治一切创伤的人，恐怕从未在候诊室呆过。

◆ 时间最无情，它能揭露说谎的人。

◆ 时间犹如珍珠，只有用劳动这根红线贯穿起来，才能成为一串璀璨的项链。

◆ 时间是最肥沃的土壤，汗珠是金色的种子，谁要多收获，就要多播种。

◆ 时间的“滴答滴答”声，对于勤劳的人是颂歌，对于懒惰的人就是抗议和嘲笑。

◆ 从某种意义上说，时间可因人的主观努力而增多，也可因人的懒惰而减少。

◆ 时间，给人青春和衰老，对谁都一样公平和老实。它能计算每个人的功绩，也能计算每个人的过失。

◆ 不赋予时间以创造性的价值，它就像小溪的流水，只带去凋谢青春的花瓣，而不能浮起成就的远洋货轮。

◆ 时间是人人都可支配的财宝，但并不是人人都理解它的价值。

◆ 时间给幻想者留下惆怅，给创造者带来财富。

◆ 一张日历的价值不值得计算，但是一张日历所表示的价值却无法计算。

◆ 岁月的天平不按时间表来称量人的价值，只有放上劳动的硕果，指针才能拨出人的分量。

◆ 时间像弹簧，你若用力拉，它可以延长许多，使你在一段时间内创造出更多价值；你若不用力拉，它就转瞬即逝，让你无所收获。因此，浪费时间，就是缩短生命。

◆ 时间像个海，有的人钻进去获得了珍珠，有的人却坠下去喂了鱼虾。

◆ 不要把“寸金难买寸光阴”当成口头禅，而要把它当成座右铭。

◆ 世界上最可宝贵的是“今”，而最易失去的也是“今”。

◆ 既然时间给予人金子般的年华，人就应该让时间金子般地闪光。

◆ 青春是骄傲的天使，一旦分手，即驷马难追。要青春永驻，必须将手边流过的寸寸光阴，织成华美的春之蓓蕾。

◆ 对于时间，失败者跟着时间爬，成功者跟着秒针跑。

◆ 你与时间开玩笑，它却对你很认真。

◆ 与其整日发牢骚，不如以行动证明自身的价值；与其惋惜不已，不如抢时间书写自己新的历史。

◆ 勤学的人，总是检讨自己对时间抓得不紧；懒惰的人，却总是埋怨时间跑得太慢。

◆ 明天，对勤奋者来说，是一个确实的希望，是在今天的基础上取得更大成就的起点；明天，对于懒汉来说，只是一个飘渺的幻想，只是对自己碌碌无为的姑息与推托。

◆ 为现在抛洒晶莹汗珠的人，他必然有光辉的过去，也有灿烂的未来。因为不懈的奋斗使他永远成为时间的主宰。

◆ 容易忘却昨天的人，同样也会轻率地对待今天。

◆ 聪明者——利用时间，愚蠢者——等待时间；
劳动者——积累时间，懒惰者——流逝时间；
有志者——赢得时间，无为者——输掉时间；
求知者——抓紧时间，闲聊者——消磨时间；
勤奋者——珍惜时间，颓废者——放弃时间。

◆ 永葆青春的人，对一分一秒也爱如珍宝；颓废堕落的人，却像赌棍一样，累年累月将它完全输掉。

◆ 总是觉得钟表走得慢的人，应当扭紧的是他思想的发条。

◆ 时间如闪电，即使不装电池它也照样走。

◆ 太阳和月亮像两个巨大的轮子，驮着时间的车辘辘地运行。在这车上，我们每个人都有一个位置，愿我们当名驭手，驱赶时间，而不愿作为货物，被时间裹着前进。

◆ 钟，年年月月脚步不停，老幼无欺，心地公平。但是，它为勤奋者留下青春似火，硕果累累，给懒惰的人留下的只能是满鬓银霜，两手空空。

◆ 奋发与消沉，朝气与暮气，充实的人生与空虚的生活，有为的年华与苍白的历史，往往在一张平凡的时间表上，分得清清楚楚。

◆ 时间给勤奋者以荣誉，给懒汉以耻辱。

◆ 守财奴说金钱是命根，勤奋者看时间是生命。

◆ 时间是十分公正的，一点也不亏人；但是，时间也从不额外施恩。你越努力，时间给你的报酬分量越重，反之，分量也就越轻。那些在春天里不肯耕耘的人，秋天落到他手里的只是一片枯叶。

◆ 时间像一张白纸，它落在懒汉手里，永远是一片空白；它在勤奋者手里，却会变成一幅五彩缤纷的图画。

◆ 时间的波浪曲线，终会爬上每个人的额头，有的人得到的是珍珠，有的人得到的是砂粒。

◆ 懒汉可以撕日历，但不能留住时间。

◆ 时间是千真万确的“宝贝”。对它越吝啬，收获越丰富，得到的是快乐；对它越慷慨，收获越微小，得到的是苦恼。

◆秒针比分针更勤劳辛苦，但人们平时对它很少注目，只是在争分夺秒的关键时刻，才瞧它一眼；然而，秒针并不因此而放慢脚步。

◆准时的列车，不会迁就姗姗来迟的旅客；时代的巨轮，不会等待虚度年华的浪子。

◆时间是无限的，也是有限的，它最长而又最短，最快而又最慢，最易被人忽视而又最易被人珍视；最能给人快乐和幸福，又最能给人增添苦恼和遗憾。关键是你用什么态度去对待和运用时间。

◆等时间的人，是浪费时间的人。

◆拖延，是时间的盗贼。

◆有的人预支时间，本来该今天做的事，偏要推到明天，到了明天，又预支一个明天。预支时间会把你辉煌灿烂的青春吞没得无影无踪。

◆沿着“等一等”这条路，便会走进一事无成这间屋。

◆如果让明朝文嘉的《明日歌》“明日复明日，明日何其多；我生待明日，万事成蹉跎”时常在耳边回响，那么，你也许在珍惜时光上会有一个新的境界。

◆时间，每天都是一个常数，而每个人从它那里得到的却不是常数。

◆ 白头后的痛苦咏叹调，大都在懒散的豆蔻年华中谱写而成。

◆ 挥霍时间的浪荡子，只有贫穷和空虚的烙印；珍惜时间的吝啬者，却拥有充实和富有的心灵。

◆ 谁认为时间是取之不尽、用之不竭的空气，并任意挥霍，谁的脑袋就变得愚蠢、空洞。

◆ 有的人挥霍财物，有的人挥霍时间；挥霍财物者荡尽以前的积累，挥霍时间者断送未来。

◆ 白发不一定能埋葬人的青春，而白费年华却能筑成青春的坟。

◆ 时间总不亏待珍惜它的人，如果你糟蹋它，它也会把你的生命化为废墟。

◆ 时间不是任何可以失而复得的物质，你一旦把它轻易失去，它就永远同你无情地分别，最可怕的事情是：当它离开你时，还从你身上窃取了最珍贵的财产——青春和生命。

◆ 要让时间不辜负你，首先你不要辜负时间；与其暮年礼赞人生，何如奋斗推迟暮年？

◆ 珍惜今天，才能赢得美好的明天；只知憧憬明天而忘记今天的人，永远得不到美好的明天。

◆ 时间孕育着成果，时间预期着胜利，珍惜时间就是延长生命，虚掷时间就是缩短生命。

◆ 勤奋和智慧压缩了时间，却延续了生命。

◆ 不要过于感叹青春的花在一片片地凋零吧，时光对于人本来就是非常吝啬的。让撕掉的日历都成为动人的历史，让余下的都写下壮丽的诗篇。

◆ 认识到一页日历就是一页人生历史的话，掀开它时就不会漫不经心了。

◆ 日历撕完了，新的一本又接踵而至，然而过去的岁月永远不会再来了。

◆ 谁不肯轻易地浪费时间，做珍分惜秒的“吝啬鬼”，谁就可能成为拥有知识的富翁。

◆ 对钟表的珍惜，并不意味着你对时间也有同样的珍惜。

◆ 追赶时间的人，生活就会宠爱他；放弃时间的人，生活就会冷落他。

◆ 珍惜时间可以使生命变得更有价值。

◆ 时间如金钱，你越会用它，你就越知道珍惜它。

◆ 成功需要成本，时间也是一种成本；对时间的珍惜，就是对成本的节约。

◆ 不爱护花瓣看不到花木的美丽，不珍惜时间得不到生命的价值。

◆ 时间是一条金河，莫让它轻轻在你的指尖溜过。

◆ 时间抓起来就是黄金，抓不起来就是流水。

◆ 时间像流水的话，抓紧就是堤岸。

◆ 不要让一个糟糕的时刻，毁掉一连串美好的时光。

◆ 不爱惜幼小的花朵，得不到甜美的果子；不珍惜宝贵的时间，得不到生命的价值。

◆ 对未来的希冀，对过去的依恋，莫若掌握住易于消逝的现在。

◆ 你希望掌握永恒，那么你必须控制好现在。

◆ 时间管理不仅是独乐，也是众乐的一场赛事；和时间赛跑，人人都有可能是胜利者，只有不参加的人，才是失败者。

◆ 不是用一生的时间做一生的事，而是用一生的时间做两生的事。——这样的人，才是懂得善用时间的人。

◆ 时间，你不开拓它，它就悄悄长出青苔，爬上你生命的庭院，把你的生命掩埋。

◆ 要充分利用时间，让心脏的每一次跳动都像战鼓一样，激励自己奋发向上。

◆ 把时间分给值得爱的人，是人生最好的投资。

◆ 钓鱼，与其说是人在用诱饵瓦解鱼的意志，不如说是鱼在用时间考验人的毅力。

◆ 时间说：败草下埋着的是绿，绿叶中藏着的是枯萎。

园丁篇

以溺爱对待儿童，只会造成儿童的不诚实、虚伪和自私自利。

——［苏联］马卡连柯

教育为公以达天下为公。

——陶行知

教师如果把科学的材料嚼得这样细，只能培养出懂知识的猿猴，而绝不是能独立思考的人。

——［俄国］杜勃罗留波夫

◆ 一个园丁，不仅应当辛勤地除草、浇水、施肥、培土，还要善于给花木剪去多余的枝蔓、横杈。

◆ 园丁心里有绚丽的蓝图，通过辛勤地浇灌、培育，才有俊秀的幼苗、万枝的蓓蕾、怒放的鲜花。

◆ 花园里有许多花是带刺的，仙人掌的刺使人难以接近；蔷薇花的刺，有时也会刺痛园丁的手。但是，园丁不会生花的气，相反，却埋怨自己的粗心而格外细心地将花培育得更加美丽。

◆ 公园里，游客们欣赏万紫千红的花朵，而园丁的眼睛更多的是注视泥土。

◆ 小树能一天天地长大，是因为它在泥土深处吸取养分，毫不吝惜地脱掉腐枝败叶。

◆ 伯乐之所以成为伯乐，是因为他有相马的慧眼；园丁之所以成为园丁，是因为他们善于育花。

◆ 没有无私的自我牺牲的母爱的帮助，孩子的心灵将是一片荒漠。

◆ 玉不雕不成器，人不育不成材。

◆ 衣服要从新时爱惜，孩子要从幼小时教育。

◆ 十年树木，百年树人；教育孩子要学会等待，学会耐心。

◆ 禾苗要茂盛需要水分，成长的少年需要父母的关爱。

◆ 有了儿女，才体会做母亲的伟大。

◆ 父母的心，是孩子的教室。

◆ 父母的美德是子女最大的财富。

◆ 父母是孩子的一面镜子。

◆ 孩子未说出的话，母亲心里明白。

◆ 模仿是儿童的特点，示范是最好的语言。

◆ 教育孩子一万遍要做到如何如何，还不如自己亲自实践一遍给孩子看。

◆ 英国谚语说："孩童是世界上最可爱、最纯洁的东西。"父母的一言一行对孩子的影响极为深刻，有些言行会影响孩子的一生。

◆ 只要在儿童心智混沌初开之时就开始进行正确价值观的教育，便能将理智和自我克制精神牢牢地在他们幼小心灵深处扎根。

◆ 家长是儿童的第一个教师。可是，有些家长却不称职，往往是孩子做了好事不支持，做了错事却默认。要使儿童从小就身心健康地成长，家长教育是十分重要的。

◆ 大人向孩子说的每一句有积极意义的话，就像锋利的雕刻刀，能把纯粹的玉石雕塑得更臻完美。

◆ 训子百遍不如培养一个好习惯；但习惯是长期训练出来的，而不是唠叨出来的。

◆ 俗话说："男孩是家里的一盏灯，女孩是家里的一枝花。"

要使男孩成为不熄的灯，女孩成为不败的花，靠的是父母的辛勤和智慧。

马卡连柯警告说：以溺爱对待儿童，只会造成儿童的不诚实、虚伪和自私自利。

高尔基劝告说：爱孩子这是母鸡也会做的事。可是，要善于教育他们……这需要才能和渊博的生活知识。

◆ 良驹若不施以驯服会变成野马，好苗若不施以整修要横生树杈。

◆ 一只宠坏了的小羊，他日必成一只横蛮的大羊。

◆ 你对着一棵弯曲的大树而嗟叹它不成材的时候，你不应忘记，它在苗圃时还是笔直的。

◆ 兴之所至的时候，对孩子的不合理要求都一口应诺了，非成了"是"；心烦意乱的时候，连孩子的合理要求都粗暴地打回去，是成了"非"。

每当情绪不平衡，就得在你变幻的情绪中投下足够的明矾，别让你的情绪造成孩子是非观念的混乱。

◆ 种花须知百花异，育人要懂百人心。

◆ 盐对大海说：“妈妈，我真不想离开你，只有舒舒服服躺在你的怀里，我才感到幸福。”

大海抚摸着它的头：“孩子，如果你总是在妈妈的怀里，那么你就失去存在的价值了。”

◆ 宠爱的出发点是爱，落脚点却是恨。

◆ 溺爱不是爱，而是“杀害”。

◆ 溺爱是微笑着前来做客的骗子，给你的孩子带来霎时的欢乐，然而偷走的是他的长远未来。

多一分溺爱，孩子少几分光彩；少几分溺爱，孩子多几分刚健。

◆ 对孩子来说，得天独厚的生活，往往是一口精神上的枯井。

◆ 在花的世界里，过多的肥料坏根；在孩子的世界里，过高的物质享受坏品。

◆ 糖果吃多了，会腐蚀牙齿；娇惯多了，会腐蚀孩子幼小的心灵。

◆ 孩子有病，怕他哭不给打针，不是爱护；打针治病才是真正的爱护。

◆ 药物是治病的，但过量就会致命；母爱与父爱是幸福的，但过分了就会断送孩子的未来，变幸福为不幸。

◆ 甜果和苦果，常常是同一棵树上结出来的，被虫子咬坏的，常常是甜果。

◆ 金枝玉叶这个词，从来就引不起健全的审美者的美感，因为很难设想在金枝玉叶之上有露珠的晶莹和鲜花的芳香。

◆ 花瓶里的牡丹并不一定能博得人们的青睐，更多的人喜欢的却是田野上矫健的小花。

◆ 温室里育不出栋梁之材，参天大树只长在烈日烘烤、风雪呼啸的高山旷野。

◆ 温室中的花朵，虽然好看，一遇风霜立即凋谢；而野外的花，任凭风吹雨打，仍傲立于土地上。

◆ 适合室内生长的花，也并不是不需要太阳。

◆ 洞庭湖岸麻雀的翅膀之所以特别健壮有力，是因为它们饱经风浪的锻炼。

◆ 一个人儿时受过很严格的训练，比十个娇生惯养的还有用。

◆ 水沟里只有波纹，海洋上才有波浪。有的人像鸭子似的贪图水沟的平静和安逸，有的人却像海燕向往海洋上空的风暴。如果我们的孩子贪图鸭子似的生活，那是父母的耻辱；只有孩子确立了海燕般的理想，才是父母的骄傲和幸福。

◆ 建筑一座高楼大厦，如果在打根基时第一块砖放歪了，即使把墙垒得再高，外表涂得多么美观，碰到暴风雨还是要倒塌的。

◆ 参天大树，都是幼苗长成的；但是幼苗长成参天大树需要一定的时间。如果用拔苗助长的办法，不仅得不到大树，连幼苗也会断送。

◆ 向日葵是向阳开放的，倘使有时不向阳，准是被障碍物遮住了阳光。好的园丁在栽培向日葵的时候是不会忽略的。

◆ 一个想用自己理想的模式塑造孩子的父亲，是愚蠢的，而且可恶。

◆ 我们一味用成人世界的东西去塑造孩子，而不去关注孩子最基本的生命需求，那会扼杀孩子的好奇天性。

◆ 大人的世界除了有用没有用，还有值钱不值钱。其实让孩子最爱的，常常是捡来的小鸟羽毛、石头、小草、树叶，还有父母的陪伴。要么不值钱，要么钱买不来。

◆ 我们无法选择自己的父母，却能选择孩子有怎样的父母。

◆ 凡是小孩子说瞎话，那必是大人的错，那可能是大人没给孩子说真话的空间。

◆ 当我们用谎言教育孩子时，教育的功能就剩下孩子说谎了。

◆ 孩子小时，给他们深根；孩子大时，给他们翅膀。

◆“授人以鱼不如授人以渔”，与其千方百计给孩子留财产，还不如教会他生存的本领。

◆ 最伟大的家长永远给孩子希望，哪怕很多人看不起你的孩子，作为父母，都应饱含热泪地欣赏他、赞美他。

◆ 孩子的成长道路犹如跑道和战场，父母应该为他们多喊“加油”，哪怕孩子一千次跌倒，也要坚信他们能一千零一次站起来。

◆ 赏识犹如生命的营养，赏识是孩子无形生命成长的阳光、空气和水。赏识促其成功，抱怨导致失败。

◆ 推动摇篮的手就是推动世界的手，你可以不是成功者，但你可以成为成功者的父母。

◆ 后一代应该是前一辈希望的代名词，而不该只是前一辈创造财富的享受者。

◆ 父母的血统是可以遗传的，但思想、观点和追求不会遗传，完全靠孩子自己树立。

◆ 园丁受人赞美，主要在于他们的辛勤和精心；教师受人尊重，是因为他们在塑造青少年聪慧的大脑和纯洁的灵魂时付出了艰辛的劳动。

◆ 擅长剔除玉之瑕疵的玉匠是巧匠，善于让学生的聪明才智和全部潜力得到最大发挥的老师是良师。

◆ 玉石的价值主要靠后天的雕琢研磨。

◆ 玉比石贵重，但璞玉要成为玉，必须用石来磨；金比煤贵重，但金矿石要成为金，必须用煤烧起高温来冶炼。

◆ 粉笔，在黑板上磨灭，在学生心灵中闪光。

◆ 培养学生自信这株幼苗，不仅需要成功当甘霖，而且必须化失败为腐泥。

◆ 教师的语言应该是有声的行动，行动应该是无声的语言。

◆ 一位好的教师，即使在责备学生，甚至要发泄自己愤怒的时候，他也时刻记着：不能让儿童那种“成为一个好学生”的愿望火花熄灭。

◆ 夸美纽斯称赞教师说：教师是太阳底下最光辉的职业。

雨果评价教师的功劳说：每教好一个孩子，就减少一个败类。

教师职业光荣，责任重大。只有呕心沥血，精心培育，使学生健康成长，才无愧这一光荣的称号。

◆ 教师戴上有色眼镜，就不会接受学生的启迪。

◆ 好农民，不让最矮的庄稼枯萎；好教师，不让最差的学生自卑。

◆ 教育本来应该教会大家如何做一棵树，最终却只关注那一个果实。

◆ 牡丹的娇艳固然惹人喜爱，但无名花同样可以编织美丽的花环。

◆ 木桶原理启发我们：多帮助和鼓励差生不断进步，让“短板”水平提到整体应有的水平，这“桶”才能盛满水，凝聚力才强。这对培养学生集体主义精神大有裨益。——满园春色正是园丁所向往的。

◆ 培养名花无疑是光荣的，而百花竞放，才能使花园更加壮观。

◆ 教师“一滴水”引发学生“一桶水”，巧妙一点拨，触发学生想象的翅膀，浮想联翩——可谓教学的高境界。

◆ 练飞的时候，不要把学生当风筝，而要把他们看成雏鹰。

◆ 爱因斯坦说：“兴趣是最好的老师。”教师传授知识应幽默，有情趣，让学生如磁铁般地吸收，莫像小贩似的叫卖，翻来覆去一个调，学生乏味、倒胃就在情理之中了。

◆ 启迪者往往认为自己的任务只在于“启迪”，被启迪者则只须“被启迪”，所以他们往往一开步便错了。

◆ 死记硬背能让你通过大学四年，但是会榨干你接下来的四十年。

◆ 具备敏捷思维能力和实践操作技能的学生，像矫健的雄鹰，天高任我飞；像跃过龙门的游鱼，海阔任我跃。——这是我们社会和家长所期盼的。

友谊篇

友谊建立在同志中，巩固在真挚上，发展在批评里，断送在奉承中。

——［苏联］列宁

世间最美好的东西，莫过于有几个头脑和心地都很正直的、严正的朋友。

——［美籍德国］爱因斯坦

友情在过去的生活里，就像一盏明灯，照彻了我的灵魂，使我的生存有了一点点光彩。

——巴金

◆ 友谊是人生路上的一盏灯。

◆ 有朋友的生活，才会少一点风雨，多一点温暖和阳光。

◆ 友谊，这是应该由纯金铸造的灿烂的词汇。

友谊，春天的丝柳，夏天的芙蓉，秋天的黄菊，冬天的青松。

友谊，幸福、欢乐的姐妹，人生道路上光辉的火炬。

友谊，是与忠诚相伴随的，谁忠诚，谁就会得到友谊。

◆ 朋友意味着什么？

在漆黑的海上，它是星辰；在浓云翻滚时，它是闪电；当谗言之箭如蝗般袭来时，它是坚甲厚盾；当生命危殆时，它是回春的妙手。

◆ 至交有限，情谊难替。——人生知己不在多，而在于真。

◆ 一个真正的朋友会握住你的手，触动你的心。

◆ 真正的朋友是期望你比他活得更好的人。

◆ 友谊——温静、沉着、理智的爱。

◆ 最诚挚的交流往往是“尽在不言中”。

◆ 没有朋友的人，就像树木缺失根茎，就像生活没有阳光。

◆ 朋友是那么一批人，是你不容易忘掉的人，是你痛苦时第一个想到的人，是给你帮助不需要说谢谢的人，是惊扰之后不用心怀愧疚的人，是你走麦城不对你另眼看待的人，是你步步高升对你的称呼从未改变的人。

◆ 伟大的友谊不仅是平等的，而且总是无私的。

◆ 友谊不分年龄，没有性别，却有自己的风格——像露珠那么晶莹，如炭火那样炽热，比江河还要流长。

◆ 在情谊的天平里，泪珠比珍珠分量重。

◆ 人与人之间，就像流星一样，纵然是一瞬间的相遇，也会迸发出令人炫目的火花。

◆ 获得一个智者的友谊，比获得一群蠢人的友谊更有价值。

◆ 欺骗的友谊是痛苦的创伤，虚伪的同情是锐利的毒箭。

◆ 假朋友就像自己的身影，你在光明中行走，他紧跟着你；一旦步入阴暗，他便立即离去。

◆ 奉承获得的友谊，恰似建造在沙滩上的大厦，它随时都有倒塌的危险。

◆ 伪善的朋友比公开的敌人更坏。

◆ 欺骗朋友只能是一次，害自己却是终生。

◆ 卑鄙和狡诈的开始，就是友谊的终结。

◆ 破坏水堤的是腐朽的树根，破坏友谊的是言而无信的人。

◆ 真正的友谊不是恭维和奉承，虚伪的赞美是一顶纸糊的桂冠。

◆ 情谊是金子，然而拿去出卖，它却化成了粪土。

◆ 以赠品收买朋友，则他可能被人收买。

◆ 当鸽子和乌鸦交往的时候，虽然它的羽毛仍然是白色，但它的心变黑了。

◆ 和胆小鬼交朋友，会坏事情；同敌人交朋友，会掉脑袋。

◆ 与善人居，如入芝兰之室，久而德馨行美；与恶人居，如入鲍鱼之肆，久而不闻其臭。

◆ 刺，一旦变得温顺可爱，花的安全就足堪忧虑了。

◆ 宁交口拙舌笨的实心汉，不交油嘴滑舌的机灵鬼。

◆ 嘴上的朋友貌合神离，心上的朋友同舟共济。

◆ 不是每个人都是你的伙伴，也不是每个朋友都能肝胆相见。缘到，报之以大笑；缘散，报之以不厌。

◆ 阿谀不能赢得友谊，只有真理和忠诚才能巩固友谊。

◆ 忠诚是友谊的桥梁，欺骗是友谊的敌人。

◆ 感情上的亲密，则发展为友谊；钱财上的亲密，则败坏友谊。

◆ 财富并非永久的朋友，朋友才是永久的财富。

◆ 不要怪自己没知音，谁叫你不拨动心灵的琴弦?

◆ 交一时的朋友需要金钱和互利，交一世的朋友需要信任和理解。

◆ 交友，需要理解和沟通。不理解，友谊便不复存在；不沟通，感情便积满灰尘。

◆ 人和人如果不能平等，就谈不上心灵的沟通。

◆ 理解和信任是友谊的基石。亲密的友情达成一种默契，友人的每一声叩响，都在彼此的心扉击起回音；因而，在漫漫人生旅途中，我们不感到孤寂。

◆ 寂寞，那是一种想要了解别人，也想要为别人所了解的强烈渴望。

◆ 世界上最苦的孤独不是没有知己，而是遗失了自己。

◆ 请别吟唱孤独，只要敞开心扉，你就可以获得那份友谊的温馨。

◆ 互联网增加了人与人之间的黏性，却无法弥补人与人思想上的鸿沟。

◆ 友谊如沙滩上的贝壳，只有经过大海的洗礼、浪涛的冲撞与磨炼，才会闪耀出夺目的光彩。

◆ 患难中友谊最为可贵，因为走运时，谁不与你称兄道弟？

◆ 根在泥中吸收营养，鸟在鸣叫中寻找知音，鱼在竞争中方能生存，人在患难中识别友谊。

◆ 繁花似锦时的友谊，是动人，但可以称量的；万木凋零时的友谊，是生死不渝、不可计量的。

◆ 山泉下的玉石洁白，患难中结下的友谊牢固。

◆ 土建的基地靠钢筋水泥，友谊的基础靠工作和患难。

◆ 友谊的火花在患难中闪光，战斗的旗帜在安乐中褪色。

◆ 巨大的危险有这样的妙处：能使真假友谊显露出来。

◆ 不要让朋友成为门后的伞，雨天才叫你想起。

◆ 友谊像零存整取的银行，你若平时不补充情感进去，一旦需要朋友的支援渡过难关时，才发现存单上一片空白。

◆ 友谊至高境界，包括欣赏朋友的长处，指出朋友的短处，体谅朋友的软弱，为朋友的需要祈祷。

◆ 寻找没有缺点的朋友，永远不会有朋友，正如古训告诫的“水至清则无鱼，人至察则无徒”。

◆ 与其皱着眉头送人一件贵重礼品，不如面带笑容送上一件小礼物。

◆ 真诚的舟载着友谊航行，暗礁、险滩都会落在后边。

◆ 要使友谊天空的星星闪亮，必须用纯净的水洗净自己的心灵。

◆ 虚伪的迎合是友谊的毒剂，诚恳的批评是友爱的厚礼。

◆ 忠告是朋友最好的礼物，批评是巩固友谊的上品。

◆ 不愿听朋友说真话的人，是真正不可救药的人。

◆ 对朋友在得意忘形时的劝告，同对他在悲观失望时的鼓励一样可贵。

◆ 时常批评你的人不一定是对头，时常恭维你的人不一定是朋友。

◆ 用蜜来引诱的不是朋友，用忠言来直告的才是朋友。

◆ 对你严肃的面孔，那是一盏明灯；对你微笑的面孔，那可能是一个暗堡。

◆ 人的生活离不开友谊，但要获得真正的友谊并不容易。友谊需要用忠诚播种，用热情浇灌，用原则培育，用谅解护理。

◆ 冷静远比热情更能保持友谊。

◆ 如果你能帮助别人开垦那荒芜的心田，那你就能收获到友谊的硕果。

◆ 鲜花要靠水浇灌，友谊要靠人珍爱。

◆ 一颗仇恨的种子，有时会长成葱茏的大树；一粒友谊的种子，有时也会开满遍野的鲜花。

◆ 古人交友称谓：

竹马之交——幼年之交。

忘年之交——年岁差别大、行辈不同而交情深厚的朋友。

金兰之交——牢固而融洽的友情，如兄弟姐妹般之情。

莫逆之交——彼此情投意合，非常相好之交。

君子之交——“君子之交淡如水”，指看上去很平淡，但重在道义上的朋友。

刎颈之交——同生死共患难的朋友。

石交——友谊坚固的朋友。

款交——真诚相待的朋友。

◆ 化友为敌，是一种愚蠢；化敌为友，是一种智慧。

爱情篇

刚萌芽的恋情就像刚发酵的葡萄酒一样，时日一久，越来越澄澈，越来越如平静无波的海洋。

——［德国］安杰西勒斯

爱情如树叶一样，在人忽视里绿了，在忍耐里露出蓓蕾。

——何其芳

夫妻好比同一把琴上的弦，他们在同一的旋律中和谐地颤动，但彼此又都是独立的。

——［黎巴嫩］纪伯伦

◆ 法国雨果释爱说：“人生是花，而爱便是花的蜜。”

英国莎士比亚解读说：“爱情是理想的一致，意志的融合，而不是物质的代名词、金钱的奴仆。”

——我们应珍惜，而不可亵渎。

◆ 恋爱不是寻找一个完人，而是学着以完美的眼光去欣赏一个不完美的人。

◆ 在恋爱开始的头几个月，你并不是你自己，而是你的形象大使。

◆ 爱情是两颗心互相发出的一种微妙的电磁波。

◆ 爱情是用诚心和灵魂建筑起来的大厦，是幸福洒在生活上的甘露。

◆ 爱不是相互凝望，而是朝同一个方向看去。

◆ 爱情是整个社会生活的一部分，只有建立在志同道合这一基础上的爱情，才能在风浪中扬帆航行。

◆ 爱情不只是花前月下的并肩散步，更是风雨中携手同行的伴侣。

◆ 相思泪，是青春树上垂落的几颗没熟透的红豆。

◆ 怀念有时比得到更温馨。

◆ 爱情可以是一团火，也可以是一阵雾。

◆ 爱情是温柔的，却又像玫瑰的刺一样刺人。

◆ 爱情，唯一长期服用而没有副作用的兴奋剂。

◆ 时间往往是考验爱情的试金石。

◆ 爱情如酒，越陈越香。

◆ 久经考验的爱情不会生锈。

◆ 如果生活是一床被子，那么爱就是其中的线。你不可能随时随地看到它，但它实实在在地存在着。

◆ 爱情，她美丽但也严峻，当你接触她的时候，有两个字可要记清，这就是“责任”。

◆ 对恋人的每一誓诺都要放上天平，这天平的另一端放的是忠诚和责任。

◆ 爱情的火焰，需要不断添加忠诚的干柴。

◆ 如果爱情是河流，那理智就应该是河的堤岸；如果爱情是一匹烈马，那理智就应该是驭马的缰绳。

◆ 没有理智的情感像潮水，涨的时候阻挡不了，退的时候也留不住。

◆ 爱情是扎根在土壤中的花树，它是生命的联盟，更是事业的联盟。

◆ 真正的爱情是两颗心中一根看不见的、坚固而神秘的纽带，扯不断，割不开。

◆ 爱情永远不可能是禁锢的产物，她需要的是同志，而不是哨兵。

◆ 爱情美在无言，只能靠领悟，终非语言所能道破。

◆ 大地将雨露之爱珍藏在心里，借鲜花报以微笑。

◆ 爱情不只是春天的花朵、夏天的明月，也会有秋天的泥泞、冬天的冰雪。

◆ 爱情之花，唯有忍受住严寒酷暑，才能让果子丰硕。

◆ 秋叶虽然被大风无情地抛弃，但仍痴情地拥抱着根。

◆ 喷泉的水堵不死，爱情的火焰扑不灭。

◆ 落地果，往往是没经得住风雨的考验，才从空中掉落下来的。

◆ 考验爱情的最好标尺，是千古不变的真诚。

◆ 爱情最起码的要求是诚实，以虚伪去骗取爱情，那爱情比骗术更虚伪。

◆ 爱情永远不能在虚假中获得生命。

◆ 没有经过寒冬的百灵不会珍惜春天，不懂得忠贞的恋人不会理解爱情。

◆ 在恋人面前，说了第一句谎话，接着就会说第二句谎话，那么，你就永远不能自拔了。

◆ 一句自夸的话是一粒虫蛀的种子，它由你的心中而种在恋人的心里，滋生出讨厌的芽。

◆ 没有尊重，爱会走掉；没有诚实，爱会不悦；没有信任，爱会不牢。

◆ 要一份真挚而长久的爱，要学会倾听、感恩和尊重；最重要也最难做到的，是懂得宽恕。

◆ 爱情是生命的泉水，滋润的果如果是一株毒菌，会使你终生遗憾和痛苦。

◆ 粗暴足以毁灭爱情。

◆ 花朵是承受不住强烈的爱才凋零的。

◆ 没有内涵的热烈，甚至达到疯狂的地步，恋人是要跟你“拜拜”的。

◆ 水对什么风都献出浪花，轻浮的感情也是这样。

◆ 轻佻的爱，只是一种感情游戏，就像春天里的一朵紫罗兰，开得早，谢得快。

◆ 爱情，如果搞几何学上的“三角形或多边形”，这不仅仅是玩感情上的游戏问题，实则是你为自己拉开了危险结局的序幕。

◆ 没用的东西，再便宜也不要买；不爱的人，再寂寞也不要依赖。

◆ 猜忌是爱情之树上的一把斧头，它会断送爱情之树的生命。

◆ 所谓吃醋，就是爱与恨同时出现。——法国喜剧大师莫里哀说：“吃醋者的爱更像恨。”英国戏剧大师莎士比亚则说：“吃醋是自我起源和诞生的怪物。”

所以，真是醋意大作，你也真的得不到爱。

◆ 爱和恨是玻璃上的两滴水，有时混在一起，分不出彼此，有时候经过时间的蒸发，全不见了。

◆ 漂亮而无德的女人是迷人的美女蛇。

◆ 风流的姑娘美貌一时，贤淑的女子钟情一生。

◆ 一味追求娇容美貌而建立起来的爱情，如同沙滩上的楼阁，一旦青春容貌消失，爱情的楼阁就要倒塌。

◆ 一个美丽的姑娘只能悦目，带来的只能是一时的欢乐；一个高尚的姑娘可以赏心，带给你一辈子的幸福。

◆ 在嘴巴上筑巢的爱情容易飞走，在心窝上筑巢的爱情天长地久。

◆ 爱情的种子掺在虚假里，会变质；埋在金钱里，会发霉；和在阴谋里，会毁灭。

◆ 喜欢你，不需要理由；不喜欢你，什么都是理由。

◆ 爱情是一架神奇的天平，能测出一个人灵魂的分量。

◆ 爱情，不得估价买卖；爱情，不容巧取豪夺。人间往往是：人易得，情难求。

◆ 真正的爱情是无价的，标了价的爱情是虚假的。

◆ 爱情决不是合股的代号，更不是交易的别名。只有用纯洁的德行作珍珠，以崇高的理想为银线，爱情才能幸福美满，多姿多彩。

◆ 如果把爱情当作小钱一样随意打发，会将宝贵的青春彻底埋葬。

◆ 当谁把爱情作为金钱的收获，送到嘴边的必定是一颗苦果。

◆ 权力和地位的手杖，敲不开幸福之门；
金钱铸成的爱神之箭，射不中情人的心。

◆ 爱情的天平加上了金钱的砝码，就会失去幸福的平衡。

◆ 以金钱建筑起来的爱情只能像河边的沙滩，越挖越浅。

◆ 金钱，只能换取商品，无法买到纯洁的爱情；名利，只能敲开贪心的门窗，无法赢得忠诚无邪的微笑。

◆ 善良的心肠比美丽的外表更为重要，纯洁的灵魂比成套的家具更加可贵，勤劳的双手比金钱和地位更有价值。

◆ 女人口中最难理解的话莫过于“其实我想要的很简单”，里面包含的信息量不亚于一本《大不列颠百科全书》。——简单的极致是复杂。

◆ 为财产而爱等于出卖自己。

◆ 某些姑娘自命身价非凡，在同一般求爱者打交道时，对“运动战”和“持久战”推崇备至；而当腰缠万贯者或飞黄腾达者映入她们的眼帘时，便不由自主地转而信奉“阵地战”和“速决战”了。

◆ 爱情双方最明智的选择是，不要把对方抓牢，而应该让彼此在一定的距离两端相互欣赏。

◆ 得到爱情最快的方法是奉献爱，失去爱情的原因是抓得太紧。

◆ 随手掐花的人，得到了暂时，失去了长远。

◆ 男人获得爱的方式是迅速出击，在燃烧中拥抱爱的烈焰；女人获得爱的方式是缓慢地渗透，然后在平静中品尝爱的芬芳。

◆ 随便抛掷爱情花束的人，是不会得到真挚爱情的。

◆ 果子，强摘于未熟之时，必酸、必涩、必苦。

◆ 只要有一颗纯真的心，就能找到真正的爱情。

◆ 姑娘们在寻找爱情甘泉的同时，一定要提防烦恼与痛苦的陷阱。当有人轻叩你心灵的门扉时，千万要慎重，不妨先开启一条门缝，看清来人的真面目，然后再决定是开还是关。

◆ 单身意味着你有足够的坚强和耐心，去等待那个值得你拥有的人。——钻石经过精细打磨，才会有耀眼的光彩。

◆ 情人们只有在他们热恋之后冷静时，才看到对方的缺点。

◆ 失败的爱情往往是因为人的想象力超过了辨别力。

◆ 如果一个人没有被爱情耍过，他也不会在爱情里学聪明。

◆“不冷不热”在自然界是让人最舒服的温度，在感情世界却是让人最害怕的温度。

◆ 左右不平衡的载物，是骆驼的痛苦；冷热不正常的爱情，是精神上的创伤。

◆ 相爱者互不束缚对方，是他们对爱情有信心的表现。谁也不限制谁，到头来是谁也离不开谁，这才是真爱。

◆ 人最痛苦的并不是没有得到一个所爱的人，而是所爱的人一生没有得到幸福。

◆ 人真奇怪：得到的，不知道珍惜；得不到的，却偏偏朝思暮想。

◆ 当你真心爱一个人时，那人除了有非凡的才能外，还有些可爱的弱点。

◆ 女人对男人的崇拜，使男人有了力量和勇气；男人对女人的欣赏，使女人多了妩媚和灵气。但盲目崇拜会使男人自命不凡，过分欣赏会令女人轻浮自欺。

◆ 男人像市面上流通的货币，有真的，也有假的。聪明的女人应该是验钞机，只有傻女人才会把假币当成真币给收下。

◆ 做一个女人要做得像一幅画，让人流连忘返；不要做一件衣裳，被男人试了又试，却没人买；试残了、旧了，五折抛售都困难。——女人当自强自尊。

◆ 干柴遇烈火，燃得固然旺，却经不起暴风雨的袭击，因此熄得也快。一些人的所谓“爱情”颇似这番情景：廉价的海誓山盟，一遇波折很快便过渡到咬牙切齿。

◆ 你以为有了海誓山盟，爱情就会变得永恒？

真正的爱不需要誓言。到了必须用发誓来表白自己的忠诚时，爱已潜伏着危机。

◆ 不要相信“海枯石烂不变心”的誓言。谁若在山盟海誓中去寻找爱情，那么，等待他（她）的只有悔恨。

◆ 已逝的山盟海誓的感情，放下之前是伤痕，放下之后是勋章。

◆ 谁在患难中把情人抛弃，从此不要再相信他的甜言蜜语。

◆ 不要在别人的痛苦泪水中去行驶自己的快乐之舟。

◆ 在两棵树上筑巢的小鸟是得不到快乐的。

◆ 一分钟内获得的爱情，一秒钟内可以失去；一见钟情的后面，往往是昙花一现的饮泣。——法国作家莫泊桑告诫说："普通的花卉必须经过相当时间的栽培才会吐露芬芳；爱情的花朵更不会突然开放，所以一见钟情的爱是靠不住的。"

◆ 轰轰烈烈的爱情，惊艳了时光；细水长流的爱情，温柔了岁月。

◆ 有些人在恋爱时的两副面孔：

当他奉献爱时，比天使还可爱；而在他亵渎爱时，则比野兽更可憎。

◆ 旧观念是一把无情的刀，割断了无数棵正在生长着的爱情之苗。

◆ 一种处处都张贴广告的商品，恰恰是伪劣货；一个处处向人倾诉爱的心声的人，也一定是个没有品尝什么是真正爱情的人。

◆ 挚爱——只因轻柔的一句话，就能融化心头的坚冰。

◆ 琴弦需要调理，感情需要调节。

◆ 当别人深深感到你的爱抚时，如果你还去表白一番，那便是爱抚受到了玷污。

◆ 当你抛弃情侣时，请你想一想：你能不能保证新欢在任何地方都胜过原来的恋人；而在日后，即使新欢有一点点缺憾，也将是你痛苦的源泉。

◆ 一旦相爱下去，就应共有一株向日葵。

不管谁是太阳，都要时时辐射温暖；不管谁是向日葵，都要不渝地仰望。

◆ 一个高尚的人，当他感到自己的爱对于别人是一种温暖时，他是快乐的。

◆ 爱是不求回报的，这是世界上唯一一种不为世俗与金钱所撼动的感情。

◆ 如果某人走进你的生活，使你成为一个更好的人，并能忘记你的过去，那么你永远不要让他离开。

◆ 即使1000个人从我身边走过，我也能听出你的脚步声，因为999人的脚步是踏在地上，只有你的脚步是踏在我的心上。

◆ 爱人的心，是燃烧的太阳，纵然相隔千里，也能感觉到他（她）的引力和热量。

◆ 好的爱情，战得胜时间，抵得住流年，经得起离别，受得住想念。

◆ 爱情生活，并不像江海放舟那样一帆风顺，有时也会遇到小小的旋涡，激起一阵浪花。——有波澜的爱情，往往会更坚贞。

◆ 真正爱一个人的时候，一切都那么值得，包括不可避免的伤害。

◆ 赤诚的爱情，是双方无私的给予。像火，互相燃烧；像灯，互相照亮。

◆ 黄金的灿烂闪光打不动磁石的心肠，她有她爱的对象。

◆ 爱情的逻辑就是这样：你给予对方的多，得到的回报也多；每一次入微的体贴，都是一次真正的爱情升级。这种体贴若是几十年下来，情的雨露就积成爱的大海了。

◆ 只要情投意合，清水无糖也甜。

◆ 要走的，就让她走——断线而去的风筝不可能追回来；

该来的，自然要来——有缘千里来相会，是缘分。

◆ 当生命之舟的远航已近尾声时，我只有一句告别的话：

“我已满足。因为，我，曾经真诚地爱过。”

◆ 爱一个人，就是让那人的名字在临终之际成为你双唇间最后的音乐。

◆ 女人的自信不在于有多少男人对她表示好感，而在于一个男人愿意赴汤蹈火与她走完人生路。

◆ 爱情是花，婚姻是她结出的果实；然而，并不是所有的爱情之花都能结出甘美的婚姻之果。

◆ 真挚的爱情和美满的家庭并不需要媒人。

◆ 嫁的人是谁很重要，因为他决定着你一辈子的生活状态；娶的人是谁更重要，她很可能决定着你一生的层次和高度——不要将就着嫁，更别违心地娶。

◆ 卑陋的茅屋不一定缺乏崇高的东西，金碧辉煌的别墅不一定充满芬芳的幸福。

◆ 一个好妻子，除了工作和处理家务外，她必须兼有慈母、良伴、恋人三种特质。

◆ 幸福的婚姻就是两个人比赛，比赛的项目是谁最宽容。——度量宽才能容纳更多幸福。

◆ 不要因为爱人的沉默和不解风情而郁闷，因为时间会告诉你，越是平凡的陪伴，就越长久。

◆ 夫妻和，家务兴，夫妻不和睡不宁。

◆ 患难夫妻恩爱多，和谐家庭幸福多。

◆ 贫贱之交不可忘，糟糠之妻不下堂。

◆ 国难思良将，家贫想贤妻。

◆ 家庭没有龃龉，好比婚礼上没有音乐。

◆ 买卖婚姻成交的时候，往往是爱情悲剧的开始。

◆ 没有爱情的婚姻，不仅得不到幸福，反倒是痛苦的无期徒刑。

◆ 无爱情的家庭不能算作真正的家庭，正如没有灵魂的肉体不能算作真正的人一样。

◆ 没有感情基础的婚姻就像一个多病儿，稍有不慎就会感冒发烧。

◆ 外表的结合如同过眼烟云，心灵的结合才能历久常新。

◆ 生活在失去和睦的家庭里，等于生活在地狱里。

◆ 结婚意味着责任和义务。如果把婚姻当儿戏，走马灯式地换“配偶”，不仅仅是愚蠢和疯狂，那简直就是犯罪。

◆ 列夫·托尔斯泰的长篇小说《安娜·卡列尼娜》开篇有句富有深刻哲理的经典名言：幸福的家庭是相似的，不幸的家庭各有各的不幸。

幸福的家庭——和谐美满，不幸的家庭——不幸的特殊性，是“这一个”：安娜卧轨自杀，家庭毁灭。

“出轨”和第三者插足，是家庭毁灭的两种病毒。

其　他

峣峣者易缺，皦皦者易污。阳春之曲，和者必寡。盛名之下，其实难副。

——范晔《后汉书》

操千曲而后晓音，观千剑而后识器。

——刘勰《文心雕龙》

艺术感人之深浅，在于创造艺术的人对艺术痴迷的程度。

——［法国］罗丹

◆ 当你比应该做的还要多的时候，最终的回报也会超过你的预期。

◆ 沙漠中的干渴者，把水当成甘露，把昂贵的项链当成尘土。

◆ 脚镣即使是金做的，也没有人喜欢它。

◆ 言语如树叶一般，越是茂密，越是难以找到丰美的果实。

◆ 0 的负担最轻，但任务最重。它是一块宝地，可以长荒草，生荆棘，也可以长庄稼，收果实；它是一个神奇的套环，可以把 99 拉回原地，令人“望百兴叹”，也能把 0 加在 99 的后边，让你收获无限。

◆ 路上捡到矿石是偶然的，你走到矿山才能得到无限。

◆ 大地也有它写的诗歌，这便是树木。

◆ 当你忘掉结果的时候，才容易进入最佳状态。

◆ 在适当的时候做适当的事情，是一种伟大的艺术。

◆ 只有竹子那样的虚心，牛皮筋那样的坚韧，烈火那样的热情，才能产生出真正不朽的艺术。

◆ 智者口中，语言像潺潺的流水，勤奋者手中，果实像纷飞的雪花。

◆ 有智慧是宝贵而美好的，但它无法弥补道德上的缺陷。

◆ 人，有智又有德，是社会的宝贵财富；如果有智而无德，那就是害群之马，智愈高，给社会造成危害就愈大。

◆ 一棵树的哲思：

树大招风，告诉我们低调是必要的；

玉树临风，暗示我们形象是很重要的；

枯树开花，告诉我们希望是不能随便丢掉的；

树欲静而风不止，喻示我们凡事不会都尽如人意的。

◆ 虫蛀的苹果，你咬上几口可能无大碍；如果你吃的是已变质腐烂的苹果，那必伤胃毁身体。

◆ 风说，草地上的花是它吹开的。

于是，它不停地使劲地吹，然而，花都凋零了。

◆ 金刚石：万物都畏惧我的锐利。

脸皮：不见得！

旁白：山上怕老虎，地上怕没脸。

◆ 气球：我的肚量最大。

针：可以试试吗？

旁白：没有自知之明是多么令人可笑、可悲！

◆ 蚊子，被它叮上一口，仅是折磨点肉体；无奈听它歌唱，受伤之处却是灵魂。

◆ 操千曲而后晓音，观千剑而后识器。（刘勰《文心雕龙》）

——你本身孤陋寡闻，连“半桶水”都没有，怎评作品之优劣，怎鉴“音律”之雅俗？

◆ 不该得到而强求的时候，真理离你最远；理应放弃而舍得的时候，智慧朝你走来。

◆ 一位学者认为：人类是地球的癌细胞；人类对地球的无度索取，使地球变得千疮百孔，这其实是自取灭亡。

◆ 在思想走过的地方，人才算真正留下了足迹。

◆ 要想从树上获得果实，就得好好保护它的根部。

◆ 纯洁的爱情，诚挚的友谊，幸福的家庭，都必定植根于理解的沃土之中。

◆ 一个人不能同时骑两匹马；对待事业要专心一致才能成功。

◆ 纯洁的品行和健康的乐趣是同一境界。

◆ 很多平时能机灵躲过明枪暗箭的人，可往往在玻璃面前碰得头破血流。

◆ 花凋谢了，但没有死去，它的生命交给了果实。

◆ 语言是花朵，行动才是果实。

◆ 勇敢过了头，就成了鲁莽；诚信过了头，就成了迂腐；坚定过了头，就成了固执；机敏过了头，就成了圆滑；忍让过了头，就成了软弱；自谦过了头，就成了自卑。

◆ 如果过分自信，就回忆失败的时候；
如果奢侈浪费，就想想饥饿的时候；
如果洋洋得意，就想想受辱的时候；
如果发了大财，就想想缺吃少穿的人；
如果自诩超群，就看看山，望望海。

◆ 珍惜相互间的相同点，可以学会理解，获得和谐；珍惜各自的相异点，能够发展竞争，激励创造。

◆ 靠别人代为流血的，不是战士；
靠别人代为孕育的，不是娘亲；
靠气流的宠幸升腾的，不是飞翔；
靠狂风的骄纵嘶叫的，不是歌唱。

◆ 某寺院为常来拜佛的人题联：
暗室亏心，未入门已知来意；
伤天害理，纵烧香难免前非。
不知“暗室亏心”的客官看过题联有何感受？
——羞呢？愧呢？

◆ 烧香的人并不都是诚心拜佛，
穿起袈裟的不一定就是和尚，
上教堂去礼拜的不一定就是圣人，
戴上博士帽的不一定就是博士。

◆ 最难坚持的是本色，
最难觅取的是知音，
最难抵御的是诱惑，
最难领悟的是幸福，
最难留住的是光阴。

◆ 要学会四则运算：
贡献的时候做加法，
享受的时候做减法，
提高效率的时候做乘法，
利用时间的时候做除法。

◆ 尊贵不是高贵的别名，
权力不是真理的别名，

地位不是功劳的别名，
职位不是能力的别名。

◆ 有钱而有德谓之“富贵”，而有钱却缺德，只能算作“富”，不能谓之“富贵”。——有些暴富的人，本来就是地痞和恶棍，若称这些人为“富贵”之人，那就是对“贵”的玷污。

◆ 断了线的风筝，可能会比鸟儿飞得更高，不过，一旦落地便再也起不来。

◆ 人最富有的，并不是拥有一座金山，而是拥有一座金山买不到的东西。

◆ 古董，只因身上写着历史，再破也是宝贝。

◆ 春天像刚落地的娃娃，从头到脚都是新的，它生长着。

春天像小姑娘，花枝招展的，笑着，走着。

春天像健壮的青年，有铁一般的胳膊和腰脚，领我们上前去。

◆ 每一事物都有自己的位置，一旦把它放错了位置，它就发生不正常的裂变。

◆《庄子》里有一精彩妙语：

凫胫虽短，续之则悲；
鹤胫虽长，削之则哀。

妙就妙在，它通过物喻，形象地揭示这样一个哲理：人类如果违背自然规律干蠢事，那么，其结局可悲可哀！

后　记

记得捷克十七世纪教育家、思想家夸美纽斯赞美教师是太阳底下最光辉的职业，从教几十年，对此深有感触。教师要塑造青少年的灵魂，培养他们成为国家建设事业一代又一代接班人，责任重大又光荣。教师肩重托，负重任，没有愧对众望，在学生心田里，像黄牛一样辛勤耕耘……当桃李满园、花果累累之际，作为教师，感到多么由衷的欣慰和幸福！多少个日日夜夜，我多么想念辛勤培育我的老师和我亲手教育的学生！

借《火花集》出版之际，谨以我 1985 年 2 月 15 日发表在《开封日报》副刊“宋城”的一篇抒情散文《心灵之窗》随《火花集》一起献给我的老师、我的学生以及正在人生路上求知的青少年。

心灵之窗

我的汗水流进求知者的心田，我的心血

溶入求知者的心灵。打开求知者心灵的窗户，我看到一个繁华似锦的世界，累累硕果如珍珠，层层浪花如翡翠，数不尽的珍珠与贝壳……我进去并不想索取什么，但却得到了无价宝：太阳、春风。——从此，我心灵的窗户敞开了，任太阳的光辉暖暖地映射着我，任和煦的春风轻轻吹拂着我。——从此，我爱我这样一个“耕耘者”。我再次打开求知者心灵的窗户，深感我是社会上最高的享受者——我看到展翅飞翔的小鸟，飞向蔚蓝的天空，飞向蓝晶晶的海洋，飞向叠金吐翠的原野，飞向壁垒森严的军营，飞向……

我站在三尺讲台上，幸福地笑了。

感谢黄河水利出版社给我抒发教师情怀的机会！

王世觉

2014年9月于开封